DIANWANG TONGXIN
DIANXING ANZHUANG GONGYI TUCE

电网通信
典型安装工艺图册

国网浙江省电力有限公司信息通信分公司　组编

中国电力出版社
CHINA ELECTRIC POWER PRESS

内 容 提 要

本书讲述电力通信施工工艺要点，详细介绍通信屏位、机房布线、通信设备组屏、通信电源、通信光缆、辅助单元的施工过程步骤、工序和关键工艺节点，既注重对于施工规范的理解，也强调工程实践。

本书可作为电力通信工程技术人员的日常参考用书，也可作为施工单位的培训材料。

图书在版编目（CIP）数据

电网通信典型安装工艺图册 / 国网浙江省电力有限公司信息通信分公司组编. —北京：中国电力出版社，2020.1
ISBN 978-7-5198-4259-8

Ⅰ．①电⋯　Ⅱ．①国⋯　Ⅲ．①电力通信网–通信工程–安装–图集　Ⅳ．①TM73-64

中国版本图书馆 CIP 数据核字（2020）第 023334 号

出版发行：中国电力出版社
地　　址：北京市东城区北京站西街 19 号（邮政编码 100005）
网　　址：http://www.cepp.sgcc.com.cn
责任编辑：刘丽平　王蔓莉
责任校对：黄　蓓　郝军燕
装帧设计：赵姗姗　张俊霞
责任印制：石　雷
印　　刷：三河市万龙印装有限公司
版　　次：2020 年 4 月第一版
印　　次：2020 年 4 月北京第一次印刷
开　　本：710 毫米×1000 毫米　16 开本
印　　张：7
字　　数：104 千字
印　　数：0001—1500 册
定　　价：48.00 元

编 委 会

前 言
REFACE

为规范浙江电网通信设备安装工艺，提高电力通信设备施工工艺水平，保证电力通信工程质量，确保电力通信设备安全、可靠运行，国网浙江省电力有限公司信通公司组织一线技术人员编写了《电网通信典型安装工艺图册》（以下简称图册）。

本图册以图片化的形式展现电网通信设备安装工艺，为电网通信施工图工艺设计，通信设备施工、监理、验收等工作提供可视化参照，主要适用于电力系统独立通信站、变电站通信机房、电网通信线路等场合。与典型设备的安装工艺的描述相对应，本图册配以安装过程工艺控制图、安装结果工艺图，并与错误的安装工艺图进行对比，形成明显的反差效果，达到精确指导设备安装的目的。

本图册共分为 7 章：第 1 章介绍了屏柜安装及接地的总体工艺要求；第 2 章介绍了机房布线工艺，重点对信号线缆、电源线缆以及尾纤尾缆的布放工艺进行介绍；第 3 章为柜内通信设备安装，主要包括屏柜内设备安装工艺、屏柜内设备接地工艺和柜内线缆布放工艺；第 4 章主要讲解了通信蓄电池组、UPS 设备的安装环境要求及施工工艺；第 5 章对电力通信网中常用的 OPGW 光缆、ADSS 光缆、普通架空光缆、管道光缆和站内光缆通信光缆安装工艺作出具体的要求；第 6 章主要介绍附属设施安装，包括 DDF、NDF、ODF、VDF 和动力环境等内容；第 7 章为无线设备施工过程步骤、工序和关键工艺节点。

本图册对电网通信设备安装工艺起到指导和规范作用，对其他电网公司、发电站电力通信设备的安装起到参考作用。由于编写时间仓促，书中错误和不妥之处在所难免，恳请读者给予批评指正。

编 者

2019 年 11 月 30 日

目 录
CONTENTS

1 屏柜安装

1.1 屏柜安装工艺要求

屏柜安装总体工艺要求如下：屏柜安装应端正牢固，列内屏体应相互靠拢、间隙均匀，同一机房的屏柜尺寸、颜色宜统一，以保证机房内屏柜整齐划一。屏体应避免安装在空调出风口正下方。

屏柜安装工艺要求要点见表1-1。

表1-1 屏柜安装工艺要求要点

序号	内容	工艺要求
1	屏柜固定	屏柜安装应端正牢固，应采用螺栓固定，不得采用电焊
2	屏柜固定	采用不小于ϕ6mm钻尾螺栓或ϕ10~12mm螺栓，在屏柜底部4个角打眼固定
3	屏柜间隙	屏柜应相互靠拢，屏柜间隙均匀，间隙不应大于2mm
4	屏柜垂直偏差	屏柜顶部与底部垂直偏差小于2mm
5	屏柜相邻两机柜水平偏差	屏柜相邻两机柜水平偏差顶部小于2mm，成列机柜顶部小于5mm
6	屏柜相邻两机柜盘面偏差	屏柜相邻两机柜盘面偏差小于1mm，成列机柜面小于5mm
7	屏柜顶部并柜要求	屏柜顶部并柜时，采用专用机柜连接片，在屏柜顶部预留孔洞处，用连接片进行连接
8	屏柜侧面并柜要求	屏柜侧面并柜时，采用不小于ϕ6mm螺栓，在屏柜上下前后部位不少于4点进行连接
9	机柜内部环境	机柜里面、底部和顶部以及包括数字配线架端子处不应有多余的线扣、螺钉等杂物

屏柜安装关键节点见表1-2。

表 1-2   屏 柜 安 装 关 键 节 点

➤ 在屏柜底部 4 个角打眼固定 ➤ 屏柜内不应有多余的线扣、螺钉等杂物	➤ 正确的螺栓固定屏柜示意图

➤ 屏柜安装整体效果图	➤ 屏柜应相互靠拢，屏柜间隙均匀，间隙不应大于 2mm

➤ 采用红外线测试仪、重锤等仪器测量垂直偏差	

续表

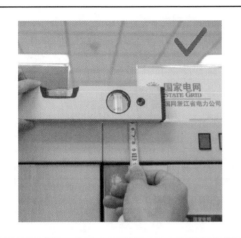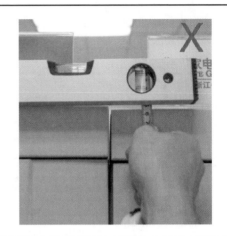

➤ 采用红外线测试仪、水平仪等仪器测量水平偏差

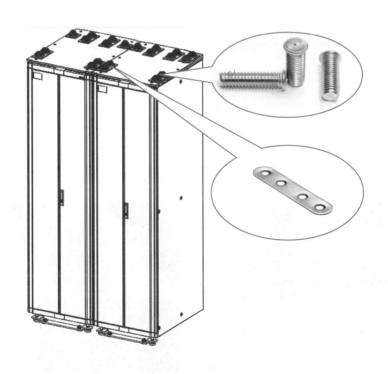

➤ 屏柜侧面并柜时，采用不小于ϕ6mm 螺栓，在屏柜上下前后不少于 4 点进行连接；机柜间顶部采用专用连接片

1.2　屏柜接地工艺要求

屏柜接地总体工艺要求如下：屏柜内侧面应设置接地汇流排，并预装门、侧板、框、屏柜内设备的接地线（设备侧预留）以及屏内接地母排至机房地母的主接地线，并确保排接触良好。不得利用其他设备作为接地线电气连通的组成部分。

屏柜接地工艺要求要点见表 1-3。

表 1-3　　　　　　　　　　屏柜接地工艺要求要点

序号	内容	工艺要求
1	接地汇流排规格要求	屏柜内侧面设置 $\phi 40mm \times 3mm$ 及以上规格的镀锡扁铜排作为屏柜内接地汇流排
2	接地汇流排打孔要求	接地汇流排应每隔约 50mm 预设 $\phi 6 \sim 10mm$ 的孔，屏柜内接地汇流排与接地网连接应选 $\phi 12mm$ 的孔，并配置铜螺栓
3	柜内接地线要求	通信屏内接地母排至通信机房地母的接地线规格不应小于 $25mm^2$，应采用带黄绿色标的专用线缆，接地线线径符合防雷接地要求
4	柜门接地线要求	屏柜门地线连接正确可靠，宜采用 $6mm^2$ 黄绿地线
5	接线端子要求	接线端子选用与接地线线径相同的铜质非开口接线鼻子，要用灌锡焊接。端子处无铜线裸露，平垫、弹垫安装正确，压接头子的压接处均应加匹配的热缩套管，采用螺栓方式固定，其工作接触面应涂导电膏

屏柜接地主要关键节点见表 1-4。

表 1-4　　　　　　　　　　屏柜接地主要关键节点

> 通信屏内接地母排至通信机房地母的接地线规格不应小于 $25mm^2$，应采用带黄绿色标的专用线缆，接地线线径符合防雷接地要求

续表

➢ 屏柜内侧面设置 ϕ40mm×3mm 及以上规格的镀锡扁铜排作为屏柜内接地汇流排

➢ 接地汇流排应每隔约预设 ϕ6～10mm 的孔，屏柜内接地汇流排与接地网连接应选 ϕ12mm 的孔，并配置铜螺栓

➢ 应采用带黄绿色标的专用线缆，接地线线径符合防雷接地要求
➢ 端子处无铜线裸露，平垫、弹垫安装正确，压接头子的压接处均应加匹配的热缩套管，采用螺栓方式固定

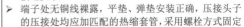

➢ 屏柜门地线连接正确可靠，宜采用螺旋状 6mm² 黄绿地线

2 机房布线工艺

2.1 机房布线总体要求

机房布线工艺要求主要根据 Q/GDW 10759—2018《电力系统通信站安装工艺规范》，总体工艺要求见表 2－1。

表 2-1　　　　　　　　　　机房布线总体工艺要求

序号	内容	工艺要求
1	布线强弱分离	室内布线应满足强电和弱电分离原则，分别设置强电、弱电线槽或桥架，电力线和信号线应分别敷设在强电、弱电线槽或桥架内
2	上下走线方式	上走线架距机柜顶部不宜小于 300mm；采用下走线方式时，宜采用金属线槽，线缆最高叠加不应超过地板立柱高度的 2/3，且不应堵住送风通道
3	强弱电布线距离	强电与弱电、光纤线槽或桥架平行敷设时，线槽桥架间距离不应少于 300mm
4	线缆穿墙	线缆穿过楼板孔或墙洞应加装子管保护，保护管外径不应小于 35mm，做好封堵和防小动物措施
5	布线走向	进入通信站的通信线缆应与通信站内原有线缆走向、排列和施工工艺一致，并保持整齐
6	走线交叉跨越	强电、弱电、光纤线槽或桥架不宜交叉，确需线槽或桥架交叉跨越时，交叉部位应做防火隔离措施
7	线缆接头放置	机架内剩余的备用扩容电缆或接头应放置在线槽或桥架内
8	线缆弯曲半径	各类线缆的弯曲半径应满足相应的要求
9	布线施工准备	线缆施工前应根据施工图纸对敷设路由和两端连接设备进行复核，确认线缆数量、长度和规格满足要求。线缆敷设前应进行统一编号，编号应可区分不同设备的出线

机房线缆布放的主要工艺关键节点见表 2－2。

表 2-2　　　　　　　　　　机房线缆布放工艺关键节点图例

➤ 采用上走线方式时，若线缆较多时应选用多层上走线槽

➤ 采用上走线方式时应采用开放式桥架，走线架距机柜顶部不宜小于 300mm

➤ 采用下走线方式时，宜采用金属线槽，线缆最高叠加不应超过地板立柱高度的 2/3，且不应堵住送风通道

➤ 线缆交叉跨越时应分层布放，并排放整齐

➤ 强电与弱电线槽或桥架应分开平行敷设，且线槽桥架间距离不宜少于 300mm

➤ 机架内剩余的备用扩容电缆或接头应放置在线槽、桥架	➤ 线槽内不能强弱电杂乱混布

➤ 大对数线缆弯曲布线时应流畅平顺，且半径应满足线缆相应的要求	➤ 缆线布放时不能直角弯折

➤ 线缆并排布放时，绑扎位置应尽量一致	➤ 线槽内的线要整根布放，不能有接线头连接

续表

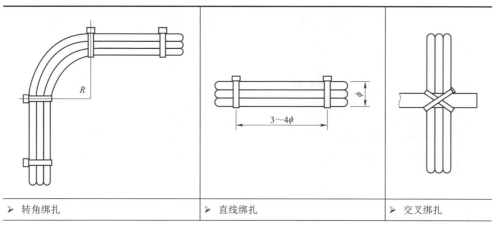

| ➢ 转角绑扎 | ➢ 直线绑扎 | ➢ 交叉绑扎 |

➢ 线缆绑扎位置示意图

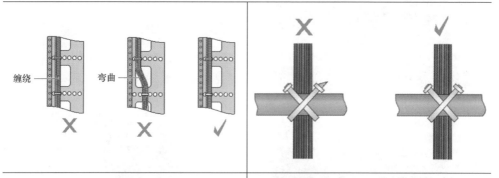

| ➢ 绑扎时应尽量避免弯曲、缠绕 | ➢ 扎带扎好后，应将多余部分齐根平滑剪齐，在接头处不得留有尖刺 |

➢ 光纤（尾缆）与信号电缆分别两侧进柜

续表

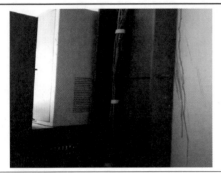	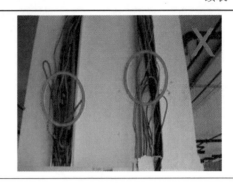
➤ 垂直线槽布放缆线应在缆线的上端和每间隔 1.5m 固定在缆线支架上	➤ 竖井内走线杂乱且无固定支架

➤ 所有缆线走线槽内均应挂好标志牌或加标记套管，标明线缆起始位置	➤ 大对数线缆穿过楼板孔或墙洞应加装支撑支架或桥架，且线缆外套保护管，保护管外径不应小于 35mm

➤ 进出机房的线缆管孔应做好封堵（防火泥、防火沙包、防火板），做好防小动物措施	➤ 进入机房线缆没有封堵

续表

➤ 上（下）走线无保护套线缆进柜应穿波纹（螺纹）保护套管

➤ 电源线与信号线应在两侧进机柜

➤ 屏内布放时，电源线与信号线之间的距离宜大于300mm

2.2 信号线缆布放要求

2.2.1 同轴电缆敷设布放要求

同轴电缆敷设工艺要求主要依据 Q/GDW 10759—2018《电力系统通信站安装工艺规范》，同轴电缆敷设前应根据施工图纸对敷设路由和两端连接设备进行复核，确认线缆数量、长度和规格是否满足要求。同轴电缆敷设前应进行统一编号，编号应可区分不同设备的出线。

同轴电缆敷设工艺关键节点要求见表 2-3。

表 2-3   同轴电缆敷设工艺关键节点图例

➤ 上（下）走线槽（架）中布放的线缆应按机柜位置分别绑扎

➤ 同轴电缆的弯曲半径应至少为电缆外径的 10 倍

➤ 2M 线绑扎不规范，走线不顺直

➤ 同轴电缆进柜时应在底部悬挂线缆标示牌，以表明起始和终端位置，标签书写应清晰、端正、正确

2.2.2 网线和音频线布线要求

网线和音频线敷设工艺要求主要依据 Q/GDW 10759—2018《电力系统通信站安装工艺规范》，总体工艺要求见表 2-4。

表 2-4   网线和音频线敷设工艺要求

序号	内容	工艺要求
1	布线施工准备	网线/音频电缆敷设前应根据施工图纸对敷设路由和两端连接设备进行复核，确认线缆数量、长度和规格满足要求。网线/音频电缆敷设前应进行统一编号，编号应可区分不同设备的出线
2	弯曲半径要求	非屏蔽和屏蔽4对对绞电缆的弯曲半径不应小于电缆外径的4倍；主干对绞电缆的弯曲半径不应小于电缆外径的10倍

网线和音频线敷设工艺关键节点要求见表 2-5。

表 2-5   网线和音频线敷设工艺关键节点图例

➤ 音频布线时宜从机柜两侧分开布线，一侧走信号线，另一侧走用户线

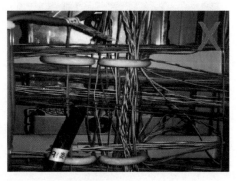

➤ 双绞音频线应理顺并均匀距离捆扎固定	➤ 双绞音频线应尽量避免斜拉线

➤ 网线在桥架布线时应平滑顺直 | ➤ 网线与光纤（尾缆）宜分开布线

➤ 大对数网线布线时应从机柜两侧分开布线，网线端接前应使用标尺确保端接后保留的预留长度相同，1个配线架中所有的网线在端接后全部等长

➤ 非屏蔽和屏蔽 4 对对绞电缆的弯曲半径不应小于电缆外径的 4 倍；主干对绞电缆的弯曲半径不应小于电缆外径的 10 倍（依据 GB 50311—2016《综合布线系统工程设计规范》）

➤ 大对数网线在布放时，下层线缆应尽量平直布放，上层线缆弯曲度应满足线缆参数要求

➤ 缆线在布放后机柜底部应有标签，以表明起始和终端位置，标签书写应清晰、端正、正确

2.3 电源线缆布放要求

电源线缆敷设工艺要求主要根据 Q/GDW 10759—2018《电力系统通信站安装工艺规范》,总体工艺要求见表 2-6。

表 2-6 电源线缆敷设工艺主要要求

序号	内容	工艺要求
1	直流线缆选用	通信直流电源电缆宜采用红蓝分色电缆,蓝色为电源负极线,红色为电源正极线,正极应在整流屏内单点接地,且电源线宜用多芯电缆
2	保护地线缆选用	保护地电缆应采用黄绿相间色电缆
3	交流线缆选用	交流电缆采用三相四线制(5 芯)或两芯单相电缆。采用三相四线制的交流电缆相线采用黄、绿、红色,中性线采用蓝色。两芯单相电缆的相线采用黄色,中性线采用蓝色
4	施工前准备	电缆敷设前应根据施工图纸对敷设路由进行复核,根据路由长度截取整段线料,然后对同时敷设的线缆统一依次编号,防止错接
5	弯曲半径	电力电缆最小弯曲半径应满足:无铠装塑料绝缘电缆多芯不小于 15 倍电缆外径,单芯缆不小于 20 倍电缆外径;铠装塑料绝缘电缆多芯不小于 12 倍电缆外径,单芯缆不小于 15 倍电缆外径
6	布线保护	电缆敷设时不得损伤导线绝缘层。电缆的布放须便于维护,并合理利用桥架或槽盒,尽量预留后续扩容空间
7	标识标牌	电缆敷设直线段每 50~100m 处、电缆转弯处、穿越墙壁或防火墙两侧均应悬挂标识标牌

电源线缆放线敷设工艺关键节点要求见表 2-7。

表 2-7 电源线缆敷设工艺关键节点图例

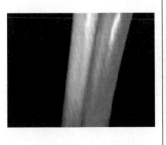

➤ 直流电源电缆　　　　➤ 保护地电缆　　　　➤ 三相四线制交流电缆

续表

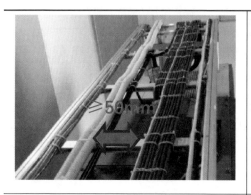

➤ 在线槽和桥架内布放的交流电源线和直流电源线分开布放，保持间距应在 50mm 以上，宜在 300mm 以上

➤ 电缆成端后两端应有标签，以表明起始和终端位置，标签书写应清晰、端正、正确

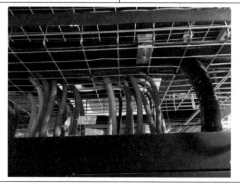

➤ 电力电缆进柜时弯曲半径不小于 15 倍电缆外径

2.4 光缆及尾纤（尾缆）布放要求

光缆及尾纤（尾缆）敷设工艺要求主要依据 Q/10759—2018《电力系统通信站安装工艺规范》，总体工艺要求见表2-8。

表2-8　　　　　　　　　光缆及尾纤（尾缆）敷设工艺主要要求

序号	内容	工艺要求
1	施工前准备	尾纤（尾缆）敷设前应根据施工图纸对敷设路由和两端连接设备进行复核，确认线缆数量、长度和规格满足要求。尾纤（尾缆）敷设前应进行统一编号，编号应可区分不同设备的出线
2	弯曲半径	尾纤（尾缆）的弯曲半径应至少为外径的 15 倍，在施工过程中至少为 20 倍

光缆及尾纤（尾缆）敷设工艺关键节点要求见表 2-9。

表 2-9　　　　　　　　光缆及尾纤（尾缆）敷设工艺关键节点图例

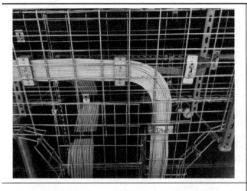

➤ 尾纤（尾缆）的弯曲半径应至少为光缆外径的 15 倍

➤ 尾纤（尾缆）布放时要先理顺，然后逐一布放，并且在布放中要边整理边布放。尾纤（尾缆）在线槽内应有标示标签

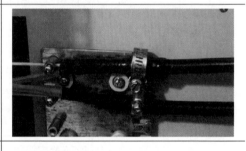

➤ 光缆入柜后应在合适高度剥开外护套层，并在屏底或线槽内预留余线长度，光缆余线弯曲半径应至少为外径的 15 倍。内部透明管保护纤芯应预留合理长度以保证纤芯弧度为外径的 15 倍

➤ 光缆开剥位置应加热塑保护套管，光缆应用抱箍或卡扣固定在光配金属外框上

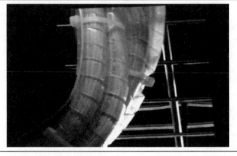

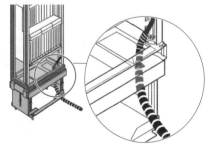

➤ 机房内尾纤（尾缆）入柜应穿保护子管，一般用保护尾纤专用的波纹管或螺旋套管

3　柜内通信设备安装

3.1　屏柜内设备安装

依据 Q/GDW 10759—2018《电力系统通信站安装工艺规范》等相关标准规范，屏柜内设备安装总体工艺要求如下：屏柜内各设备应牢固、可靠地固定在屏体上，宜按自上而下的顺序安装。安装前先考虑各种连线的走线方式，设备间保持走线需要的合理间距，宜紧凑布置。

3.1.1　设备子架安装

在设备安装之前，要检查机房、机柜、电源、地线、光缆以及配套设施。确定具备施工条件后，按照工程设计文件进行施工。

设备子架安装工艺要求如表 3-1 所示。

表 3-1　　　　　　　　　　设备子架安装工艺要求

序号	内容	工艺要求
1	子架安装	子架安装时要固定牢固，拧紧挂耳固定螺钉。设备与设备间缝隙均匀、美观，要保持 50mm 以上的垂直距离。当安装在传输设备子架下时，要与传输设备子架保持 100mm 以上的垂直距离
2	电源分配单元安装	电源分配单元应安装于机柜顶部，与设备正面同侧，并可靠固定在机架上
3	下进风设备安装	下进风设备与机柜底部保持 300mm 的垂直距离
4	通信设备开关熔或断器安装要求	通信设备应采用独立的空气开关或直流熔断器供电，禁止多台设备共用一只分路开关或熔断器
5	设备部件安装要求	子架板卡、光模块等部件应安装牢固
6	空余槽位要求	空余槽位假拉手条及未使用的端口防尘帽应全部安装
7	机柜清洁要求	机柜里面、底部和顶部不应有多余的线扣、螺钉等杂物

子架安装主要关键节点如表 3-2 所示。

表 3-2   子架安装主要关键节点

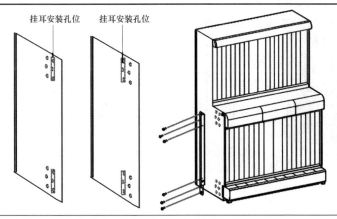

挂耳安装孔位　　挂耳安装孔位

> 确保子架挂耳安装位置和安装机柜匹配

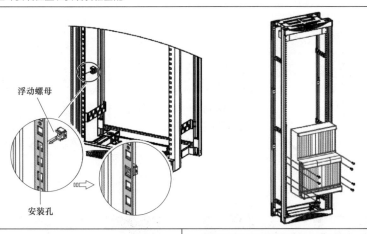

浮动螺母

安装孔

| > 安装浮动螺母 | > 将子架放置到子架滑道上，小心推入，用面板螺钉通过挂耳上的孔位将子架固定于机柜前立柱上 |

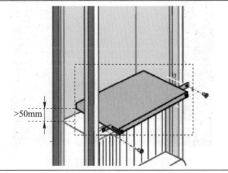

>50mm

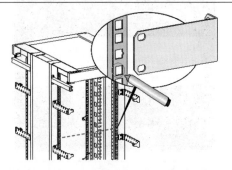

| > 安装较重的设备时，可采用托盘等辅助工具防止设备坠落 | > 子架安装时要固定牢固，挂耳固定螺钉拧紧 |

续表

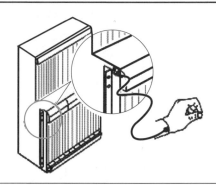

➢ 向空子框插单板时应动作轻缓，确保单板针脚对准子框的母槽	➢ 在接触设备，手拿插板、单板、IC 芯片等之前，为防止人体静电损坏敏感元器件，必须佩戴防静电手套或者防静电手腕，并将防静电手腕的另一端良好接地

佩戴防静电手套

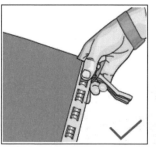

佩戴防静电手腕

裸手拿板

➢ 禁止裸手拿单板，对单板进行操作时必须佩戴防静电手套或者护腕

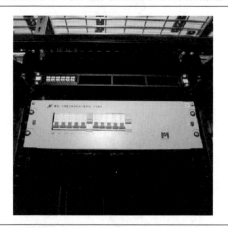

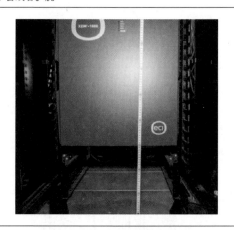

➢ 电源分配单元应安装于机柜顶部，与设备正面同侧，并可靠固定在机架上	➢ 下进风设备下部需保留 300mm 的垂直距离

续表

➤ 子架板卡、光模块等部件应安装牢固; ➤ 空余槽位假拉手条及未使用的端口防尘帽应全部安装	➤ 空余槽位未安装加拉手套,未使用的端口未套防尘帽

3.1.2 配线单元组屏

配线单元包括电源分配单元、光纤配线架（Optical Distribution Frame，ODF）、数字配线架（Digital Distribution Frame，DDF）、音频配线架（Audio Distribution Frame，VDF）、网络配线架（Network Distribution Frame，NDF）等，本节内容为配线单元的组屏和线缆进线，涉及单个配线单元安装要求和线缆成端由第6章详细介绍，配线单元组屏总体要求如下。

配线单元安装工艺要求如表3-3所示。

表3-3　　　　　　　　　　配线单元安装工艺要求

序号	内容	工艺要求
1	配线单元设备安装	配线单元设备应按照设计要求固定在屏柜内。设备与设备间缝隙均匀、美观，不影响后续维护
2	电源分配单元安装	电源分配单元应安装于机架顶部，与设备正面同侧，并可靠固定在机架上
3	光缆走线安装	光缆引入采用下走线方式的，光配子架ODF从下至上依次安装，反之则从上到下依次安装
4	线头开剥及插接要求	线头开剥部分的长度与插孔深度匹配，目视不应有裸露部分，线头插入接线插孔后应紧固
5	藏线单元要求	每两个配线单元宜配置一个藏线单元

配线单元安装主要关键节点如表 3-4 所示。

表 3-4   配线单元安装主要关键节点

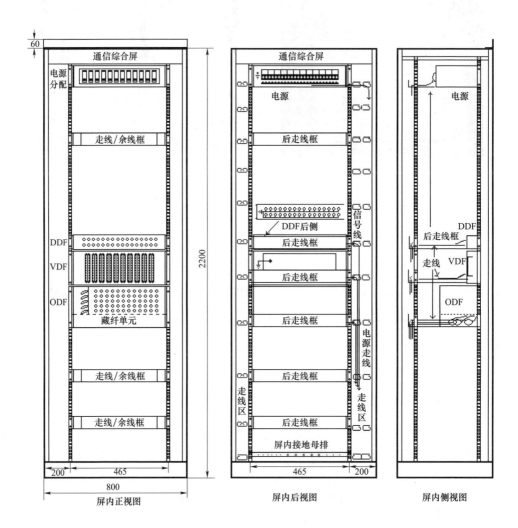

> 电源分配单元应安装于机架顶部，与设备正面同侧，并可靠固定在机架上；
> 各个配线单元之间建议加装藏线单元（走线框）

＜

续表

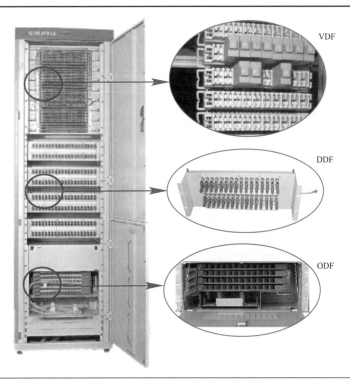

VDF

DDF

ODF

➤ 在电力通用机柜内布置有光纤配线单元 ODF、数字配线单元 DDF、音频配线单元 VDF；
➤ 配线单元设备应按照设计要求固定在屏柜内；
➤ 设备与设备间缝隙应均匀、美观，不影响后续维护

➤ 光缆引入采用下走线方式的，光配子架 ODF 从下至上依次安装，反之则从上到下依次安装

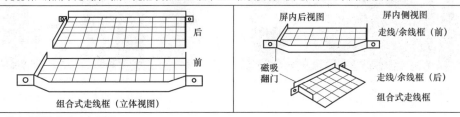

后
前
组合式走线框（立体视图）

屏内后视图
屏内侧视图
走线/余线框（前）
磁吸翻门
走线/余线框（后）
组合式走线框

➤ 组合式藏线单元（走线框）

3.2 屏柜内设备接地

依据 Q/GDW 10759—2018《电力系统通信站安装工艺规范》等相关标准规范，屏柜内设备接地工艺总体要求如下：屏柜内所有电气设备接地端子均应装设接地线接至屏柜接地母排，并确保接触良好，接地线中间不允许有接头。

屏柜内设备接地工艺要求如表 3-5 所示。

表 3-5 屏柜内设备接地工艺要求

序号	内容	工艺要求
1	接地线缆材质规范	所有电气设备均应装设接地线，并接至屏柜汇流条。接地线应采用带黄绿色标绝缘护套的专用线缆，接地线线径符合防雷接地要求。屏内电气设备至接地汇流排的接地线不应小于 2.5mm²
2	接地线连接要求	接地线连接宜采用螺栓方式固定连接，其工作接触面应涂导电膏
3	设备接地要求	所有电气设备应单点接地，不能存在叠加并接情况
4	接地线布线	屏柜内接地线布线应平直、整齐、美观。屏柜内所有接地线中间不得有接头
5	接线端子安装	所有连接接线端子应采用铜鼻子（端子）压接工艺，压接头子的压接处均应加匹配的热缩套管。热缩套管长度统一适中，热缩均匀
6	地排连接要求	地线连接至地排时，无余长，无盘绕

屏柜内设备接地主要关键节点如表 3-6 所示。

表 3-6 屏柜内设备接地主要关键节点

 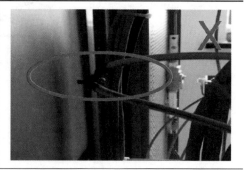

➤ 所有电气设备应装设接地线接至屏柜汇流条； ➤ 接地线应采用带黄绿色标绝缘护套的专用线缆，接地线线径符合防雷接地要求	➤ 屏内电气设备至接地汇流排的接地线不应小于 2.5mm²，不宜存在叠加并接情况

续表

➤ 屏柜内所有接地线中间不得有接头； ➤ 所有连接接线端子应采用铜鼻子（端子）压接工艺，压接头子的压接处均应加匹配的热缩套管； ➤ 热缩套管长度应统一适中，热缩均匀； ➤ 地线连接至地排时，无余长，无盘绕	➤ 接地线不得采用编织线

3.3 柜内线缆布放

依据 Q/GDW 10759—2018《电力系统通信站安装工艺规范》等相关标准规范，柜内线缆布放总体工艺要求如下：线缆的布放应平直、整齐、美观，尽量避免交叉，并遵循强弱电分开布放的原则，固定良好，绑扎整齐。

3.3.1 电缆安装布放

电缆安装布放工艺要求如表 3−7 所示。

表 3−7　　　　　　　　电缆安装布放工艺要求

序号	内容	工艺要求
1	直流电源电缆安装	通信直流电源电缆应采用红蓝分色电缆，蓝色为电源负极线，红色为电源正极线，正极应接地
2	三相四线制交流电缆安装	三相四线制交流电缆相线采用黄绿红色，零线采用蓝色。单相电缆的相线采用黄色，零线采用蓝色

续表

序号	内容	工艺要求
3	多芯导线安装	多芯导线应采用镀锡铜鼻子与设备接线端子进行压接紧固或焊接连接。线鼻柄和裸线需用套管或绝缘胶布包裹，端子处无铜线裸露，平垫、弹垫安装正确
4	直流电源线固定	直流电源线正极应使用螺母紧固。6mm² 及以下截面积单芯缆线可采用铜芯线直接打圈方式终端紧固，顺时针方向打圈
5	扎带绑扎要求	扎带间距应均匀一致，建议为：电缆直径小于 10mm，绑扎间距为 150mm 左右；电缆直径 10～30mm，绑扎间距为 200mm 左右；电缆直径大于 30mm，绑扎间距为 300mm 左右；电缆绑成束时扎带间距尽量一致，线扣结的位置和方向应保持一致，线扣结应尽可能置于隐蔽处。扎好后应将多余部分齐根剪掉，不留尖刺
6	PDU 进出线安装	PDU 进线与出线分别走不同的两侧来绑扎固定，缆敷设应平直、整齐、美观，避免交叉，并遵循强弱电分开布放的原则
7	柜内电缆布放	柜内电缆布放应自然平直，排列整齐，不得产生扭绞、打圈、接头等现象。不应受外力的挤压和损伤，严禁和弱电信号线交叉，至 PDU 电缆无余长，无盘绕
8	电源线敷设	敷设电源线应从机柜一侧布线，走线弯度要一致，转弯的曲率半径一般应大于电缆直径的 6 倍，以免电缆转弯处应力过大造成内芯断裂。转弯前后应绑扎，转弯处不得绑扎
9	电源线、地线走线要求	电源线、地线走线转弯处应圆滑，与有菱角结构件固定时，应采取必要的保护措施

电缆安装布放主要关键节点如表 3—8 所示。

表 3—8　　　　　　　　电缆安装布放主要关键节点

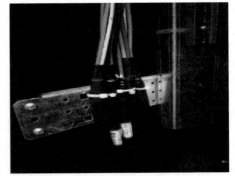

➢ 电力电缆进柜后应整齐排列，单层布置的电缆头制作高度应一致，多层布置的电缆头高度可一致或从里往外逐层降低。同类设备的电缆头应高度和样式一致	➢ 进入屏内电缆的外层护套宜在进屏后合适高度统一剥去，所有缆线应从屏两侧走，所有细线缆应捆扎成小把，然后与其他电缆排列成纵向（从前后看）的直线队列

续表

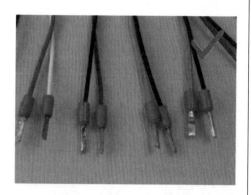

> 截面积在 2.5mm² 及以下的多芯铜芯线应接续端子或拧紧搪锡后再与设备或器具的端子连接

> 截面积在 10mm² 及以下的单股铜芯线和单股铝/铝合金芯线可直接与设备或器具的端子连接

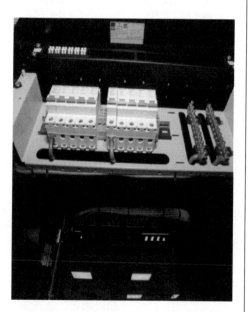

> 通信直流电源电缆应采用红蓝分色电缆，蓝色为电源负极线，红色为电源正极线，正极应接地；
> 端子处无铜线裸露，平垫、弹垫安装正确，压接头子的压接处均应加匹配的热缩套管；
> 线头露出鼻子 0.6~1mm

> 压接头子处未加热缩套管；
> 套管大小不匹配；
> 端子处有铜线裸露

> 端子处无铜线裸露，平垫、弹垫安装正确，压接头子的压接处均应加匹配的热缩套管

> 线鼻处未压紧，导致脱落

> 严禁两个端子接在一个电源接线柱上

> 电缆芯线拉直，排列整齐，绑扎距均匀，间距为100～120mm，应按垂直或水平有规律地配置，备用芯长度应留有适当余量，二次接线线芯弯曲弧度一致，接线胶头长短一致

续表

| ➤ PDU 进线与出线分别走不同的两侧来绑扎固定，电缆敷设应平直、整齐、美观，避免交叉并遵循强弱电分开布放的原则；
➤ 至 PDU 电缆无余长，无盘绕 | ➤ 设电源线应从机柜一侧布线，走线弯度要一致，转弯的曲率半径一般应大于电缆直径的 6 倍，以免电缆转弯处应力过大造成内芯断裂；
➤ 转弯前后应绑扎，转弯处不得绑扎 |

3.3.2 纤缆安装布放

纤缆安装布放工艺要求如表 3－9 所示。

表 3－9   纤缆安装布工艺要求

序号	内容	工艺要求
1	尾纤（尾缆）安装走线	光纤配线屏内，尾纤（尾缆）应在柜内一侧（左/右），垂直走线区引入机柜，光缆应在对侧垂直走线区引入。无法满足左右区分原则时，应前后区分
2	尾纤布放出屏时安装要求	尾纤布放出屏时要穿波纹管加以防护，尽量减少转弯，捆扎时要用软线捆扎，松紧适度，弯曲半径符合规定要求；尾纤弯曲半径静态不小于缆径的 10 倍，动态不小于 20 倍
3	尾纤保护子管安装	尾纤保护子管，进柜后子管需伸出机柜底部 100mm 后截断，截面应光滑平整，断口处应填充防火堵料妥善封堵，且套管应绑扎固定
4	尾纤（尾缆）捆扎	尾纤（尾缆）应在柜内一侧垂直走线区引下单独捆扎，每隔 200mm 绑扎一次，每隔 300mm 固定一次
5	尾纤（尾缆）盘纤	多余尾纤（尾缆）应盘留在盘纤单元内，可采用环形或 8 字盘绕方法，盘绕应松紧适度，不得过紧，不应过松，出线应有明显的弧垂。余留一般不超过 2 圈。在盘纤单元内尾纤的绑扎应使用魔术贴扎带
6	数字配线屏引线	数字配线屏内，传输设备出线应在柜内一侧（左/右），垂直走线区引入机柜，用户侧线缆应在对侧垂直走线区引入。无法满足左右区分原则时，应前后分区

续表

序号	内容	工艺要求
7	单排数字配线（简称数配）端子区分	单排数配端子分上下端子，上端子定义为 A 端子，下端子定义为 B 端子，传输设备电缆接数配 B 端子，用户线缆接 A 端子
8	双排数配端子区分	双排数配端子最上端和最下端定义为 A 端子，中间两排端子定义为 B 端子，传输设备电缆接数配 B 端子，用户线缆接 A 端子
9	同轴电缆引线	设备侧同轴电缆进入数配屏时，一般从屏右侧引下（机柜后视），最上面一层数配单元的引入同轴电缆应紧靠立柱绑扎，第二层数配的引入同轴电缆紧靠第一层数配电缆绑扎，以此类推一层一层进行绑扎，要求所有扎带朝同一方向，在同一水平位置上扎带之间的距离为 20～30mm，保持统一距离。若机柜内两侧安装有走线槽盒，则同轴电缆由机柜下引下时进走线槽盒，最上层数配单元同轴电缆从走线盒内靠近后门侧引下，逐层往前进行编扎，最终形成 F 型走线形式
10	同轴电缆护套开剥封口	同轴电缆外护套开剥位置应在数配理线器水平位置向下 30mm 处，需用热缩套管进行封口，并做相应标签
11	同轴电缆绑扎	同轴电缆进入数配单元理线器后，逐根对应端子进行绑扎。进入理线器前应预留相应长度，并弯成 U 型，以便数配单元维护时开合
12	同轴电缆弯曲半径	同轴电缆的弯曲半径应至少为电缆外径的 10 倍
13	同轴电缆布放	数字配线架内同轴电缆布放应顺直，整齐美观、松紧适度。同一设备出线应单独绑扎，每隔 200～300mm 绑扎固定一次
14	同轴电缆芯线焊接	同轴电缆芯线焊接端正、牢固、焊锡适量，焊点光滑、不带尖、不成瘤型
15	非屏蔽 4 对对绞电缆弯曲半径	非屏蔽 4 对对绞电缆的弯曲半径不应小于电缆外径的 4 倍
16	对绞电缆弯曲半径	主干对绞电缆的弯曲半径不应小于电缆外径的 10 倍
17	音配/网络配线屏线缆引入要求	设备出线应在柜内一侧（左/右）垂直走线区引入机柜，用户侧线缆应在对侧垂直走线区引入
18	音配/网络配线屏内布线要求	音频/网络配线架内线缆布放应顺直，整齐美观、松紧适度。同一设备出线应单独绑扎，每隔 200～300mm 绑扎固定一次。测试模块成端电缆从屏内同侧从上至下整齐绑扎至屏底的同缆孔洞并引出，连接上端音配模块的电缆靠后，连接下端音配模块的电缆靠前，可多层绑扎
19	音频电缆护套开剥封口要求	音频电缆应在转弯接入对应模块前 50～100mm 处开剥护套，并在开剥处使用热缩套管封口，热缩套管长度统一适中，热缩均匀
20	未使用插头保护	未使用的插头应采取保护措施，如加保护帽等

纤缆安装布放主要关键节点如表 3－10 所示。

表 3-10　　　　　　　　　　　　　线缆安装布放关键节点

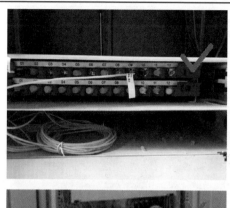

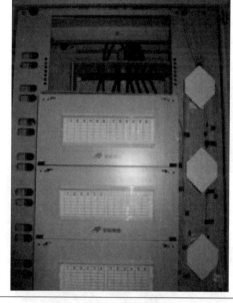

➢ 光配下部有盘纤区时尾纤余线应盘在光配下的盘纤区内，不应随意存留在机柜两侧和底部	➢ 多余尾纤（尾缆）应盘留在盘纤单元内，可采用环形或 8 字盘绕方法，盘绕应松紧适度，不得过紧，不应过松出现明显的弧垂； ➢ 余留一般不超过 2 圈。在盘纤单元内尾纤的绑扎应使用魔术贴扎带

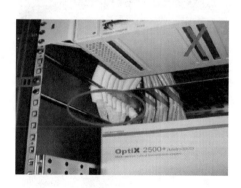

➢ 尾纤布放出屏时要穿波纹管加以防护，尽量减少转弯，捆扎是要用软线捆扎，松紧适度，弯曲半径符合规定要求：尾纤弯曲半径静态不小于缆径的 10 倍，动态不小于 20 倍	➢ 波纹管切口处未做防割保护

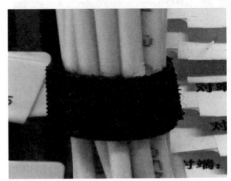

> 尾缆应在合适高度剥开外护套层，并加热塑保护
> 套管

> 尾纤（尾缆）应用尼龙自粘式线扣绑扎，且松紧适度

> 备用尾纤（尾缆）终端应配有保护罩

> 尾纤（尾缆）绑扎应均匀顺直

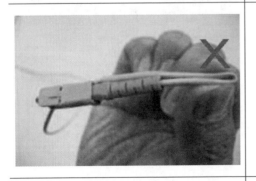

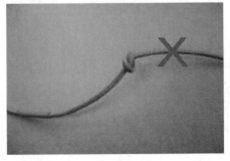

> 尾纤严禁弯折，严禁折成直角

> 尾纤严禁打小圈

续表

➢ 同轴电缆外护套开剥位置应在数配理线器水平位置向下 30mm 处，需用热缩套管进行封口	➢ 同轴电缆进入数配单元理线器后，逐根对应端子进行绑扎； ➢ 进入理线器前应预留相应长度，并弯成 U 型，以便数配单元维护时开合
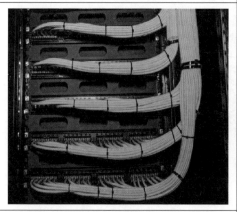	
➢ 设备出线应在柜内一侧（左/右）垂直走线区引入机柜，用户侧线缆应在对侧垂直走线区引入； ➢ 网络配线架内线缆布放应顺直，整齐美观、松紧适度； ➢ 同一设备出线应单独绑扎，每隔 200～300mm 绑扎固定一次	➢ 音频电缆应在转弯接入对应模块前 50～100mm 处开剥护套； ➢ 在开剥处使用热缩套管封口，热缩套管长度统一适中，热缩均匀

3.4 屏柜封堵

依据 Q/GDW 10759—2018《电力系统通信站安装工艺规范》等相关标准规范，屏柜封堵总体工艺要求如下：屏柜封堵可采用防火板、防火泥等封堵材料，其规格、型号和防火等级必须满足图纸设计要求。封堵应整齐美观、严实可靠，不应有明显的裂缝和可见的孔隙。

屏柜封堵工艺要求如表 3-11 所示。

表 3-11   屏柜封堵工艺要求

序号	内容	工艺要求
1	孔洞内防火泥填充	孔洞内的防火泥（防火包/防火模块）必须填充到位，各缝隙内的防火泥填充饱满，封堵严密
2	防火板封堵	防火板封堵时，对防火板切割后的锐边进行打磨，避免损伤电缆
3	防火板切割	屏柜按屏柜底部尺寸切割防火板，在封堵屏柜底部时，不应有明显的裂缝和可见的孔隙
4	下送风机房屏柜封堵要求	下送风机房屏柜下方不做封堵

屏柜封堵主要关键节点如表 3-12 所示。

表 3-12   屏柜封堵主要关键节点

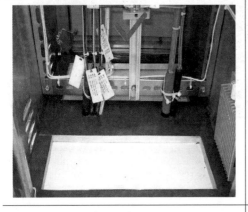 

➤ 孔洞内的防火泥（防火包/防火模块）必须填充到位，各缝隙内的防火泥填充饱满，封堵严密； ➤ 屏柜按屏柜底部尺寸切割防火板，在封堵屏柜底部时，不应有明显的裂缝和可见的孔隙	➤ 内置屏柜底部穿线区域宜设置封堵穿线模块

4 通信电源安装

4.1 蓄电池组安装环境要求

蓄电池运行环境直接影响蓄电池的使用寿命，环境包括机房或蓄电池室通风、散热、照明、间距等，要求如表4-1所示。

表4-1   蓄电池组安装环境要求

序号	内容	工艺要求
1	机房温、湿度	蓄电池应安装在良好通风和散热的机房内，独立蓄电池室应使用防爆轴流风机和防爆空调，机房温度应保持在5～30℃，相对湿度低于80%
2	机房照明、插座	蓄电池室照明应使用防爆灯，并至少有一个接在事故照明线上，开关、插座及熔断器应置于蓄电池室外，照明线应用耐酸碱的绝缘导线
3	蓄电池架、蓄电池柜	通信专用蓄电池宜安装在靠近通信机房的单独蓄电池室内，容量不大于300Ah的蓄电池可安装在柜内，大于300Ah的宜采用电池架安装
4	蓄电池组间距	蓄电池组间过道宽度在双侧布置时不小于1m，单侧布置不小于0.8m

注 个别基站由于地形位置影响，会使用蓄电池房舱，其安装环境工艺要求可参照本章节。

蓄电池组安装环境图例如表4-2所示。

表4-2   蓄电池组安装环境图例

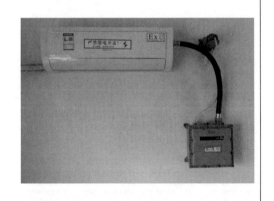

➤ 独立蓄电池室应使用防爆空调	➤ 蓄电池室照明应使用防爆灯,并至少有一个接在事故照明线上

续表

➢ 防爆轴流风机	➢ 开关、插座及熔断器应置于蓄电池室外,照明线应用耐酸碱的绝缘导线

➢ 通信专用蓄电池宜安装在靠近通信机房的单独蓄电池室内,容量不大于 300Ah 的蓄电池可安装在柜内,大于 300Ah 的宜采用电池架安装	➢ 蓄电池组间过道宽度在双侧布置时不小于 1m,单侧布置不小于 0.8m

4.2 蓄电池组安装图解

4.2.1 蓄电池架、蓄电池柜安装

蓄电池架、蓄电池柜安装包括承重基础、连接螺栓、接地等,要求如表 4-3 所示。

表 4-3 蓄电池组安装环境要求

序号	内容	工艺要求
1	槽钢基础	根据有关图纸及安装说明,检查蓄电池架、蓄电池柜是否符合承重要求,检查基础槽钢与机柜固定螺栓孔的位置是否正确、基础槽钢水平度及不平度是否符合要求

序号	内容	工艺要求
2	蓄电池架固定	蓄电池架应用螺栓与基础槽钢连接，架间各螺栓应连接可靠牢固
3	蓄电池架、柜接地	蓄电池架/柜要与蓄电池室接地网可靠接地，接地线与蓄电池架、柜接触面如有绝缘漆覆盖的必须去除，接地线宜采用截面不小于 25mm² 黄绿双色线缆

蓄电池架、蓄电池柜安装工艺图例如表 4-4 所示。

表 4-4　　　　　　　蓄电池架、蓄电池柜安装工艺图例

与地基槽钢接触面紧贴且水平

> 检查基础槽钢与机柜固定螺栓孔的位置是否正确、基础槽钢水平度及不平度是否符合要求

> 蓄电池架应用螺栓与基础槽钢连接，架间各螺栓应连接可靠牢固

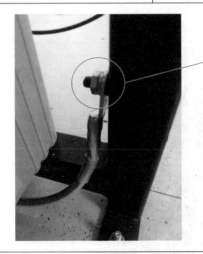

接触面如有绝缘漆覆盖的必须去除

> 蓄电池架、柜要与蓄电池室接地网可靠接地，接地线与蓄电池架、柜接触面如有绝缘漆覆盖则必须去除，接地线宜采用截面不小于 25mm² 黄绿双色线缆

4.2.2 蓄电池组安装

蓄电池组安装包括外观检查、工具绝缘处理、电池电压测量等，要求如表 4−5 所示。

表 4−5   蓄电池组安装环境要求

序号	内容	工艺要求
1	蓄电池检查	蓄电池安装前观察外观是否完好、设备无损伤；型号、规格、蓄电池容量等符合合同和技术联络会纪要要求；附件、备品、说明书及技术文件齐全
2	工具绝缘包裹	首先将施工工具做绝缘处理，如扳手的把柄、螺丝刀杆等裸露金属的工作部位，都应用绝缘胶带缠裹两层，同时摘除手指和手腕的金属物件
3	蓄电池安装就位	电池上架前，应用万用表检测各节电池端电压是否正常，按照设计图纸（厂家图纸）及提供的连接排（线）情况进行合理布置，把电池上架就位，用电缆或铜排连接各电池及电池巡检仪监测探头，紧固各连接螺栓，蓄电池安装应平稳，间距均匀，同一排、列的蓄电池槽应高低一致，排列整齐
4	蓄电池连接线	跨越蓄电池架的蓄电池连接线缆，应避免与蓄电池架直接接触或充分绝缘，例如在穿越处的金属架上加绝缘橡垫等
5	螺栓紧固	蓄电池紧固螺栓垫片、弹簧垫片齐全，连接条紧固螺栓力矩符合说明书要求
6	蓄电池接线柱	蓄电池出线宜加接线柱，直流线缆不宜直接从蓄电池正负极连接
7	记录电压、内阻	测量并记录整组蓄电池的组端电压、测量各节蓄电池的电压和内阻
8	断开蓄电池熔丝	蓄电池组充电电缆搭前，确认蓄电池极性正确，并确认蓄电池输入熔丝处于拉开状态，以免带负载接入或发生短路现象

蓄电池组安装工艺图例如表 4−6 所示。

表 4−6   蓄电池组安装工艺图例

➢ 蓄电池安装前观察外观是否完好、设备无损伤

续表

➤ 蓄电池安装应平稳，间距均匀，同一排、列的蓄电池槽应高低一致，排列整齐

➤ 跨越蓄电池架的蓄电池连接线缆，应避免与蓄电池架直接接触或充分绝缘，例如在穿越处的金属架上加绝缘橡垫等

➤ 蓄电池紧固螺栓垫片、弹簧垫片齐全，连接条紧固螺栓力矩符合说明书要求

➤ 蓄电池出线宜加接线柱，直流线缆不宜直接从蓄电池正负极连接

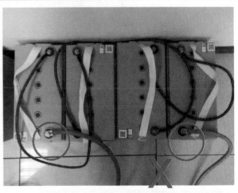

➤ 直接从蓄电池正负极柱上出线

4.2.3 蓄电池编号标识

蓄电池编号标识包括数字编号、张贴高度等，要求如表 4-7 所示。

表 4-7 蓄电池编号标识要求

序号	内容	工艺要求
1	粘贴标签	蓄电池柜中每块电池要粘贴带有数字的标签指明连接路径
2	统一高度	所有标牌标签均应挂或贴在同一高度或位置，保持美观
3	标签编号	编号要求清晰、齐全。蓄电池上部或蓄电池端子要加盖绝缘盖，以防发生短路现象
4	蓄电池架标签	在蓄电池架上粘贴蓄电池组编号标志

蓄电池编号工艺图例如表 4-8 所示。

表 4-8 蓄电池编号工艺图例

➤ 蓄电池柜中每块电池要粘贴带有数字的标签指明连接路径

➤ 蓄电池电池未粘贴标签

 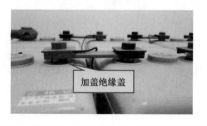

➤ 所有标牌标签均应挂或贴在同一高度或位置，保持美观

➤ 编号要求清晰、齐全。蓄电池上部或蓄电池端子要加盖绝缘盖，以防发生短路现象

续表

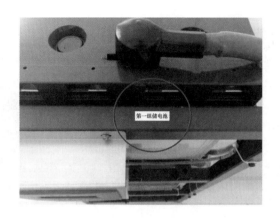

➤ 在蓄电池架上粘贴蓄电池组编号标志	

4.2.4 蓄电池巡检仪安装

蓄电池巡检仪能够实时监控蓄电池运行状态，其安装内容包括设备检查、采样线连接等，要求如表 4-9 所示。

表 4-9　　　　　　　　　　　蓄电池巡检仪安装要求

序号	内容	工艺要求
1	巡检仪检查	蓄电池巡检仪安装前应检查外观是否完好、设备无损伤；型号、规格、尺寸等符合合同和设计要求；说明书及技术文件齐全。蓄电池巡检仪安装应平稳、固定牢固，美观
2	采样线接入	在蓄电池连接的同时，将单体电池的采样线同步接入，接入前首先要确认采样装置侧已接入，以免发生短路现象。采集线布放与绑扎应整齐美观，并采取与蓄电池架绝缘的措施
3	电源线接入	安装接线时，要按照安装接线图操作，接线时严格区分"工作电源线""通信线"和"电池信号采样线"，以避免损坏机器

蓄电池巡检仪安装图例如表 4-10 所示。

表 4-10   蓄电池巡检仪安装图例

➤ 蓄电池巡检仪安装应平稳、固定牢固，美观	➤ 在蓄电池连接的同时，将单体电池的采样线同步接入

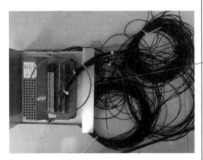

➤ 接入前首先要确认采样装置侧已接入，以免发生短路现象

续表

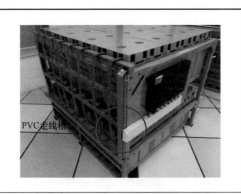	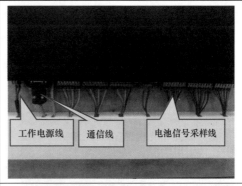
➤ 采集线布放与绑扎应整齐美观,并采取与蓄电池架绝缘的措施	➤ 安装接线时,要按照安装接线图操作,接线时严格区分"工作电源线""通信线"和"电池信号采样线"以避免损坏机器

4.3　二次回路敷设及接线

电源二次回路敷设及接线应遵循整齐美观的原则,内容包括导线固定、铺设间距、排列等,要求如表4-11所示。

表4-11　　　　　　　　　二次回路敷设及接线要求

序号	内容	工艺要求
1	导线固定	绝缘导线不应直接在导电部件上敷设,应固定在结构件或支架上,或装入行线槽
2	强弱电分离	直流电源线、交流电源线、信号线应分开布放。电源线与信号线平行敷设时,间距不小于300mm
3	走线整齐	设备内线束的走向应横平竖直,线束中的电缆应平顺,不得有过多的交叉。排列整齐,绑扎均匀,连接牢靠
4	严禁对接	电源线中间严禁有接头
5	沿地槽布放	沿地槽布放电源线、信号线时,电缆不宜直接与地面接触
6	连接接线端子	接线端子与线缆应匹配,线缆插入空气开关不能留线头,接线后不应有飞线
7	正极接地	通信直流电源的正极排应用黄绿地线进行接地
8	线缆端头制作	直流电源线的负极外皮颜色应为蓝色(黑色),正极外皮颜色应为红色并使用螺母紧固。$6mm^2$及以下截面单芯线缆可采用铜芯线直接打圈方式终端紧固,但必须顺时针方向打圈;多芯导线应采用镀锡铜鼻子与设备接线端子进行压接紧固或焊接连接
9	标签标志	电缆靠近机柜底端应悬挂标识牌,指明线缆的起始和终点

二次回路的施工工艺图例如表 4-12 所示。

表 4-12　　　　　　　　　　　二次回路的施工工艺图例

线缆分开布放

➤ 绝缘导线不应直接在导电部件上敷设，应固定在结构件或支架上，或装入行线槽	➤ 直流电源线、交流电源线、信号线应分开布放。电源线与信号线平行敷设时，间距不小于 300mm

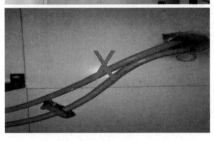

插入空开处不能留线头　　接线排列整齐有序

➤ 沿地槽布放电源线、信号线时，电缆不宜直接与地面接触	➤ 接线端子与线缆应匹配，线缆插入空开不能留线头，接线后不应有飞线

续表

➤ 通信直流电源的正极排应用黄绿地线进行接地	➤ 6mm² 及以下截面单芯缆线可采用铜芯线直接打圈方式终端紧固,但必须顺时针方向打圈

➤ 电缆靠近机柜底端应悬挂标识牌,指明线缆的起始和终点	➤ 多芯导线应采用镀锡铜鼻子与设备接线端子进行压接紧固或焊接连接

4.4 电源设备安装调试

成套的整流电源设备安装调试要求包括机柜垂直度、接地线、模块插入等,要求如表 4-13 所示。

表 4-13　　　　　　　　　电源设备安装调试要求

序号	内容	工艺要求
1	电源机柜安装	机架安装位置符合设计要求,安装加固满足抗震设计要求,垂直水平符合验收规范要求

序号	内容	工艺要求
2	工具绝缘	操作工具要采用相应的绝缘措施，用绝缘胶带将金属工具裸露部分缠好，避免短路。严防螺栓、金属导线等掉落到机架内
3	屏内连接线	按照图纸连接屏内、屏间线缆，紧固屏内装置螺丝，走线符合规范要求
4	机柜和设备接地	机柜接地连接电缆截面积不小于 25mm²，设备外壳接地电缆不小于 4mm²，电源正极单点接地
5	充电模块安装	安装充电模块时，应对准位置端正缓慢插入，确保模块插头和屏体上的插座接触良好
6	检查连接紧固	送电前应将整流模块输入、输出开关和监控电源开关、电池、负载熔丝或断路器全部断开。交流引入线、信号线、机柜内配线连接应正确。所有螺丝不得松动，输入、输出无短路
7	接通交流电	接通交流电源，检查三相电压值应符合要求
8	电源开机	所有主机设备及蓄电池组连接完成，并确认正常之后，按照开机流程步骤开机。进行市电、电池的转换，以及双路电源切换试验，测量输出电压是否异常
9	带载试运行	最后接入负载，观察带负载试运行是否正常

电源设备施工工艺图例如表 4－14 所示。

表 4－14 电源设备施工工艺图例

➤ 机架安装位置符合设计要求，安装加固满足抗震设计要求，垂直水平符合验收规范要求	➤ 机柜接地连接电缆截面积不小于 25mm²，设备外壳接地电缆不小于 4mm²

续表

检查空开状态，接线和螺丝
是否紧固。

➢ 安装充电模块时，应对准位置端正缓慢插入，确保模块插头和屏体上的插座接触良好	➢ 送电前应将整流模块输入、输出开关和监控电源开关、电池、负载熔丝或断路器全部断开 ➢ 检查交流引入线、信号线、机柜内配线连接应正确。所有螺丝不得松动，输入、输出无短路

4.5 不间断电源设备安装图解

不间断电源（Uninterruptible Power System，UPS）设备安装要求包括机房环境、开箱检查、图纸交底等，要求如表 4−15 所示。

表 4−15 UPS 设备安装调试要求

序号	内容	工艺要求
1	机房环境	机房照明、温湿度等满足规范要求，地板上不能有明显灰尘，尤其不能有带导电性质的粉屑，机房空气中不能含有酸雾或其他导电介质；机房应配备合格的消防、防雷措施
2	开箱检查	设备开箱检验，注意检验制造厂商的有关技术合格文件是否齐全，妥善保管。设备外包装不应有严重变形、损坏、开裂、水浸等现象
3	安装基础	根据图纸及设备安装说明检查机柜基础槽钢或底座、接地是否符合要求，重点检查基础槽钢或底座与机柜固定螺栓孔的位置是否正确、基础槽钢水平度及不平度是否符合要求
4	工具绝缘	施工前，首先将施工工具作绝缘处理。设备的输入输出断路器，均应处于断开状态
5	线缆走线	一次回路电缆穿越金属框架或构件时，三相电缆均应在一起穿越，防止因交流强电流能量场产生涡流，致使电缆局部发热
6	一次电缆处理	一次回路电缆进入设备内应剥离外绝缘层和铠装钢带，以保持美观，同时对剥离处进行绝缘处理。工作零线（N）应引至设备的中性母线上连接，保护线（PE）为黄绿双色线，应引至设备接地装置或接地母线上
7	二次回路走线	二次回路线束的走向应横平竖直，不得有过多的交叉，尼龙扎带不宜抽拉过紧，所有分支线束在分支前后都要用扎带捆扎
8	设备检查	对照施工图纸、设备安装说明检查各系统回路的接线。检查各种断路器、熔断器插件、接线端子等部位是否接触良好，有无松动及电蚀现象；馈电母线、电缆及软连接线等是否连接可靠，线缆是否刮伤、破损等现象。设备表面是否已经擦拭干净，设备内的余线、料头等杂物是否清理干净
9	接地电阻测试	UPS 保护接地装置与金属外壳的接地螺钉应具不可靠的电气连接，其连接电阻不大于 0.1Ω。输入端、输出端对外壳，施加 500V 直流电压，绝缘电阻应大于 2MΩ
10	开机调试	确认无异常后通电开机，按照设备说明插入模块，执行开机调试步骤

注　UPS 蓄电池组参照通信直流蓄电池组要求执行。

UPS 设备施工工艺图例如表 4-16 所示。

表 4-16   UPS 设备施工工艺图例

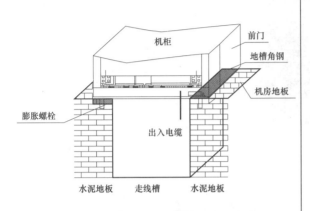

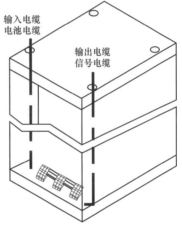

➤ 根据图纸及设备安装说明检查机柜基础槽钢或底座、接地是否符合要求,重点检查基础槽钢或底座与机柜固定螺栓孔的位置是否正确、基础槽钢水平度及不平度是否符合要求	➤ 二次回路线束的走向应横平竖直,不得有过多的交叉,尼龙扎带不宜抽拉过紧,所有分支线束在分支前后都要用扎带捆扎

续表

 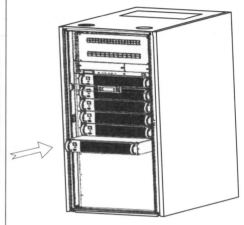

➤ 检查各种断路器、熔断器插接件、接线端子等部位是否接触良好，有无松动及电蚀现象	➤ 确认无异常后通电开机，按照设备说明插入模块，执行开机调试步骤

5 通信光缆安装

通信光缆安装主要从光纤复合架空地线（Optical Fiber Composite overhead Ground Wires，OPGW）、全介质自承式光缆（All Dielectric Self–Supporting optical fiber cable，ADSS）、普通架空光缆、管道光缆、站内光缆及光缆接续的施工流程、工艺要求及主要质量控制要点等方面进行描述。

通信光缆安装工艺要求主要依据 DL/T 1733—2017《电力通信光缆安装技术要求》、Q/GDW 10758—2018《电力系统通信光缆安装工艺规范》等相关标准规范。

5.1 OPGW

5.1.1 中间接续塔 OPGW 安装

OPGW 在中间接续塔的安装工艺要求如表 5-1 所示。

表 5-1 中间接续塔 OPGW 安装工艺要求

序号	内容	工艺要求
1	塔头接地线安装	接地线采用并沟线夹与光缆连接，另一端安装在杆塔主材接地孔上
2	光缆引下具体部位及要求	中间接续塔的 OPGW 应沿铁塔主材内侧引下，引下线夹安装在铁塔主材的内侧，安装间距 1.5～2.0m
3	光缆引下固定夹具安装	光缆引下应顺直美观，每隔 1.5～2m 安装一个引下线夹，间隔统一，保证引下光缆与杆塔或构架本体间距不小于 50mm
4	接续盒安装固定	接续盒宜采用不锈钢等耐腐蚀材料捆扎固定在杆塔上，安装固定可靠、无松动，防水密封措施良好。帽式接续盒安装应垂直于地面，卧式接续盒应平行于地面
5	余缆架及余缆安装固定	余缆应固定在余缆架上，捆绑点不应少于 4 处，绑扎材料宜采用不锈钢等耐腐蚀材料，余缆和余缆架接触良好，余缆架用金属喉箍等方式可靠安装
6	标示牌的安装	线路标识规格、质量应符合设计要求，应标明线路名称、编号以及联系电话等，标识内容应为白底红色正楷字，字体端正。标识、标牌可用 PVC 材质、铝质及铁质等材料制作，宜与站内一次设备标识、标牌一致

OPGW 在中间接续塔的安装工艺示例如表 5-2 所示。

表 5-2 　　　　　　　　　　中间接续塔 OPGW 安装工艺示例

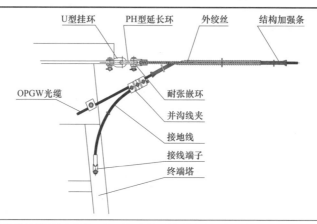

> 接地线一端与光缆通过并沟线夹连接，另一端通过螺栓与铁塔接地用孔将接地线固定于塔身，让接地线处于自然状态，不要过度弯曲或绷得太紧

> 中间接续塔 OPGW 应沿铁塔主材内侧引下，光缆引下应顺直美观，每隔 1.5～2m 安装一个引下线夹，间隔统一，引下线夹安装在铁塔主材的内侧	> 中间接续塔的 OPGW 沿铁塔中间位置引下

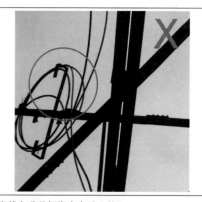

> 余缆应固定在余缆架上，捆绑点不应少于 4 处	> 盘线杂乱且捆绑点少于 4 处

续表

➢ 接续盒宜采用不锈钢等耐腐蚀材料捆扎固定在杆塔上，安装固定可靠	➢ 光缆接续盒安装与主材不平行

5.1.2 站内构架 OPGW 安装

OPGW 在站内构架的安装工艺要求如表 5-3 所示。

表 5-3　　　　站内构架 OPGW 安装工艺要求

序号	内容	工艺要求
1	构架顶端、余缆前后三点接地安装	OPGW 进站接地应采用可靠接地方式，OPGW 引下应三点接地，接地点分别在构架顶端、最下端固定点（余缆前）和光缆末端，并通过匹配的专用接地线可靠接地
2	构架顶端光缆引下要求	OPGW 构架顶端耐张串出口与构架最上端的固定绝缘卡具之间过渡应保持自然的弧度，不可紧绷，最小弯曲半径应大于 40 倍光缆直径
3	光缆引下固定夹具安装	引下光缆应顺直美观，每隔 1.5～2m 安装一个固定绝缘卡具，引下光缆与铁塔或构架本体间距不应小于 50mm，构架联结法兰等突出处，应加装固定卡具，防止 OPGW 与杆塔发生摩擦
4	接续盒安装固定	① 接续盒宜采用不锈钢等耐腐蚀材料捆扎固定在杆塔上，安装固定可靠、无松动，防水密封措施良好； ② 终端接续盒安装位置宜在余缆架顶端上方不小于 0.5m
5	余缆箱（架）安装固定	① 余缆架应使用钢抱箍固定。对于铁塔，应安装于铁塔底部的第一个横隔面上；对于水泥杆，应安装于导线横担下方 5～6m；对于龙门构架，余缆架底部距离地面宜为 1.5～2m； ② 站内采用落地余缆箱安装时，光缆由龙门构架引下至电缆沟，地埋部分应穿热镀锌钢管保护，并穿绝缘套管进行绝缘，两端做防水封堵。余缆箱、钢管与站内接地网应可靠连接，钢管直径不应小于 50mm，绝缘套管直径不应小于 32mm，钢管弯曲半径不应小于 15 倍钢管直径

续表

序号	内容	工艺要求
6	余缆安装固定	余缆盘绕应整齐有序，不得交叉和扭曲受力，捆绑应采用不锈钢带，且应不少于 4 处捆扎。每条光缆盘留量不应小于光缆放至地面加 5m
7	标示牌的安装	线路标识规格、质量应符合设计要求，应标明线路名称、编号以及联系电话等，标识内容应为白底红色正楷字，字体端正。标识、标牌可用 PVC 材质、铝质及铁质等材料制作，宜与站内一次设备标识、标牌一致

OPGW 在站内构架的安装工艺示例如表 5-4 所示。

表 5-4 　　　　　　　　　　站内构架 OPGW 安装工艺示例

➢ 接地线采用并沟线夹与光缆连接，另一端安装在杆塔主材接地孔上

➢ OPGW 构架顶端未接地

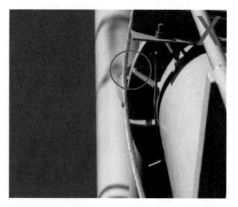

➢ 站内构架 OPGW 引下构架联结法兰等突出处，应加装固定卡具，防止 OPGW 与杆塔发生摩擦

➢ 光缆与联结法兰碰撞摩擦

续表

➢ 引下光缆应顺直美观，每隔 1.5~2m 安装一个固定绝缘卡具

➢ 引下光缆扭曲

➢ OPGW 进站接地应采用可靠接地方式，OPGW 引下应三点接地，接地点分别在构架顶端、最下端固定点（余缆前）和光缆末端，并通过匹配的专用接地线可靠接地

➢ 站内采用落地余缆箱安装时，光缆由龙门构架引下至电缆沟，地埋部分应穿热镀锌钢管保护，并穿绝缘套管进行绝缘，两端做防水封堵

➢ 落地式光缆接续箱内部视图

续表

➤ 余缆盘绕应整齐有序，不得交叉和扭曲受力，捆绑应采用不锈钢带，且应不少于 4 处捆扎	➤ 光缆盘留长度不足

5.2 ADSS

5.2.1 中间接续塔 ADSS 安装

ADSS 在中间接续塔的安装工艺要求如表 5-5 所示。

表 5-5　　　　　　　　　中间接续塔 ADSS 安装工艺要求

序号	内容	工艺要求
1	牵引场和张力场	① 牵引场和张力场应布置在架设段两端耐张塔外侧，且应在线路方向上，水平偏角应小于 7°； ② 张力机和牵引机到第一基杆塔的距离应大于 3 倍塔高，张力机与放线架线轴之间距离不小于 5m； ③ 牵引机卷扬轮、张力机导向轮、光缆放线架、牵引绳卷筒与牵引绳的受力方向应与其轴线垂直； ④ 牵引机、张力机、光缆放线架应进行锚固并可靠接地。接地线应采用截面积不小于 16mm² 的编制铜线； ⑤ 张力机卷筒槽底直径应大于 70 倍光缆直径，且不小于 1m
2	悬挂放线滑轮	① 放线滑轮槽底直径应大于 40 倍光缆直径，且不小于 500mm，磨阻系数应不大于 1.015； ② 临近牵引场和张力场的第一基杆塔、转角杆塔和滑轮包络角大于 60° 的杆塔，应悬挂槽底直径不小于 800mm 的滑轮（或使用 600mm 的组合滑轮）； ③ 转角塔直通放线时，应将滑轮向内侧进行预倾斜处理

续表

序号	内容	工艺要求
3	牵引绳布放	① 牵引绳应按盘长分段布线、展放，用抗弯连接器连接； ② 光缆出张力机后与牵引绳的连接方式宜采用以下方式：光缆－牵引网套－抗弯连接器－防扭鞭（可选）－退扭器－牵引绳
4	光缆牵引	① 应按设计给定的参数调整控制光缆张力，施加的张力应控制在10%RTS以内，在施工过程中施加在光缆上的任一张力，不应超过20%RTS； ② 转角杆塔、交叉跨越点和其他重要位置应配置信号人员，发生夹线等其他情况时及时报告处理。光缆牵引端头应在信号人员监视下慢速通过滑轮
5	金具安装	① 耐张预绞丝缠绕间隙均匀，绞丝末端应与光缆相吻合，预绞丝不得受损； ② 悬垂线夹预绞丝间隙均匀，不得交叉，金具串应垂直于地面，顺线路方向偏移角度允许偏差为5°，且偏移量允许偏差为100mm； ③ 防振锤安装距离允许偏差为30mm，安装位置、数量、方向、垂头朝向和螺栓紧固力矩应符合设计要求； ④ 防振鞭应根据设计要求安装，多根可并联或串联安装。防振鞭与金属预绞丝末端应保持适当距离； ⑤ 所有的内绞丝尾端应对齐，允许偏差为50mm
6	光缆引下	ADSS引下应顺直美观，每隔1.5～2m安装一个固定卡具，防止光缆与杆塔发生摩擦
7	固定夹具安装	光缆引下应顺直美观，每隔1.5～2m安装一个固定卡具，间隔统一，避免线夹损伤光缆本体以及防止光缆与杆塔发生摩擦
8	接续盒安装	接续盒宜采用不锈钢等耐腐蚀材料捆扎固定在杆塔上，安装固定可靠、无松动，防水密封措施良好。帽式接续盒安装应垂直于地面，卧式接续盒应平行于地面
9	余缆架及余缆安装	① 余缆应固定在余缆架上，捆绑点不应少于4处，绑扎材料宜采用不锈钢等耐腐蚀材料，余缆和余缆架接触良好，余缆架用抱箍等方式可靠安装； ② 采用落地余缆箱安装时，光缆由构架引下至电缆沟内埋部应穿热镀锌钢管保护，引下至余缆箱部分穿保护管进行绝缘，两端做防水封堵； ③ 余缆箱、钢管与站内接地网可靠连接。钢管直径不小于50mm
10	防鼠挡板安装	防鼠挡板安装固定在光缆金具的内层预绞丝，宜安装在距离铁塔1m以上的位置
11	余缆的防护安装	余缆宜采用不锈钢网带或铝合金预绞丝缠绕保护
12	标示牌的安装	线路标识规格、质量应符合设计要求，应标明线路名称、编号以及联系电话等，标识内容应为白底红色正楷字，字体端正。标识、标牌可用PVC材质、铝质及铁质等材料制作，宜与站内一次设备标识、标牌一致

ADSS在中间接续塔的安装工艺示例如表5-6所示。

表5-6 中间接续塔 ADSS 安装工艺示例

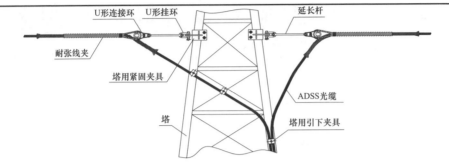

➤ ADSS 引下应顺直美观，每隔 1.5~2m 安装一个固定卡具，防止光缆与杆塔发生摩擦

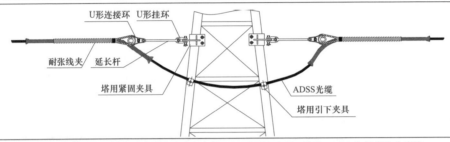

➤ 耐张塔上 ADSS 跳线应自然大弧度过渡，并应安装 2~3 个固定卡具，防止 ADSS 与杆塔发生摩擦

➤ 耐张预绞丝缠绕间隙均匀，绞丝末端应与光缆相吻合，预绞丝不得受损 ➤ 悬垂线夹预绞丝间隙均匀，不得交叉，金具串应垂直于地面

➤ 防振锤安装距离允许偏差为 30mm，安装位置、数量、方向、垂头朝向和螺栓紧固力矩应符合设计要求 ➤ 防振鞭应根据设计要求安装，多根可并联或串联安装。防振鞭与金属预绞丝末端应保持适当距离

续表

➤ 所有的内绞丝尾端应对齐，允许偏差为 50mm

➤ 内绞丝尾端不对齐

➤ 接续盒宜采用不锈钢等耐腐蚀材料捆扎固定在杆塔上，安装固定可靠、无松动，防水密封措施良好
➤ 余缆宜采用不锈钢网带或铝合金预绞丝缠绕保护

➤ 防鼠挡板安装固定在光缆金具的内层预绞丝，宜安装在距离铁塔 1m 以上的位置

5.2.2 站内构架 ADSS 安装

ADSS 在站内构架的安装工艺要求如表 5-7 所示。

表 5-7 站内构架 ADSS 安装工艺要求

序号	内容	工艺要求
1	光缆引下要求（弯曲度）	光缆敷设弯曲半径应大于 25 倍光缆直径
2	光缆引下固定夹具安装（与法兰等突出部位要求）	光缆引下应顺直美观，每隔 1.5~2m 安装一个固定卡具，间隔统一，避免线夹损伤光缆本体以及防止光缆与杆塔发生摩擦

续表

序号	内容	工艺要求
3	余缆箱（架）安装固定	余缆应固定在余缆架上，捆绑点不应少于 4 处，绑扎材料宜采用不锈钢等耐腐蚀材料，余缆和余缆架接触良好，余缆架用抱箍等方式可靠安装
4	接续盒安装固定	接续盒宜采用不锈钢等耐腐蚀材料捆扎固定在杆塔上，安装固定可靠、无松动，防水密封措施良好。帽式接续盒安装应垂直于地面，卧式接续盒应平行于地面
5	余缆安装固定	余缆应固定在余缆架上，捆绑点不应少于 4 处，绑扎材料宜采用不锈钢等耐腐蚀材料，余缆和余缆架接触良好，余缆架用抱箍等方式可靠安装
6	标示牌的安装	线路标识规格、质量应符合设计要求，应标明线路名称、编号以及联系电话等，标识内容应为白底红色正楷字，字体端正。标识、标牌可用 PVC 材质、铝质及铁质等材料制作，宜与站内一次设备标识、标牌一致

ADSS 在站内构架的安装工艺示例如表 5-8 所示。

表 5-8 　　　　　　　站内构架 ADSS 安装工艺示例

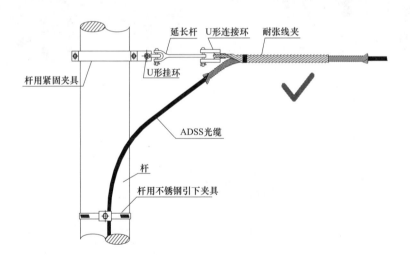

> 龙门架进线金具安装

➤ 终端塔至站内构架进线安装

➤ 站内构架 ADSS 安装及引下

➤ 余光缆盘好（圈大小一致、整齐美观），在盘绕过程中应防止光缆弯折受扭，缆圈的直径不小于 600mm

5.3 普通架空光缆

普通架空光缆的安装工艺要求如表 5-9 所示。

表 5-9　　　　　　　　　　普通架空光缆安装工艺要求

序号	内容	工艺要求
1	立杆	① 杆洞应平整，四壁应平直，与洞底呈垂直状； ② 在斜坡地区挖洞，洞深应从斜坡下侧洞口往下 150～200mm 处计算洞深； ③ 回填土应夯实，在杆根周围培高 100～150mm 的圆锥形土堆
2	吊线及拉线安装	① 拉线抱箍应紧靠吊线抱箍，间距不应大于 100mm，拉线抱箍宜装设在吊线抱箍之上，拉线抱箍至杆顶距离不小于 500mm； ② 拉线盘应与拉线垂直，拉线地锚出土斜槽应与拉线上把成直线，不应有扭、顶现象； ③ 吊线夹板线槽应朝上，夹板唇口应面向电杆，在有向杆拉力的角杆上，唇口应背向电杆

续表

序号	内容	工艺要求
3	光缆敷设及挂钩	一般挂钩间距为 500mm，偏差不应大于±30mm，电杆两侧第一个挂钩距吊线夹板间距为 250mm，偏差不应大于±20mm；
4	吊线接地安装	① 吊线应设接地保护措施，每处接地点的接地电阻应小于 20Ω； ② 接地引线选用 25mm² 钢绞线连接φ16 的圆钢，圆钢插入地下 1.5m 以上
5	余缆架及余缆安装固定	光缆接续处宜对称预留 20m 左右的余缆，余缆应采用余缆架圈放
6	接续盒安装固定	接续盒宜采用不锈钢等耐腐蚀材料捆扎固定在电杆上，安装固定可靠、无松动，防水密封措施良好。接续盒应平行于地面
7	标示牌及警示标志安装	① 线路标识规格、质量应符合设计要求，应标明线路名称、编号以及联系电话等，标识内容应为白底红色正楷字，字体端正； ② 标识、标牌可用 PVC 材质、铝质及铁质等材料制作，宜与站内一次设备标识、标牌一致

普通架空光缆的安装工艺示例如表 5-10 所示。

表 5-10　　　　　普通架空光缆安装工艺示例

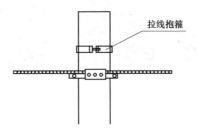

➤ 拉线抱箍应紧靠吊线抱箍，间距不应大于 100mm，拉线抱箍宜装设在吊线抱箍之上，拉线抱箍至杆顶距离不小于 500mm

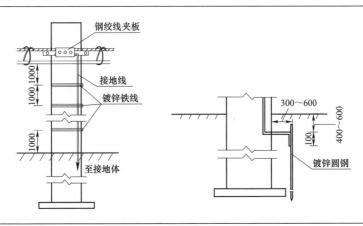

➤ 接地引线选用 25mm² 钢绞线连接φ16 的圆钢，圆钢插入地下 1.5m 以上

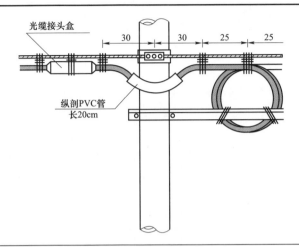

> 接续盒宜采用不锈钢等耐腐蚀材料捆扎固定在电杆上，安装固定可靠、无松动，防水密封措施良好。接续盒应平行于地面

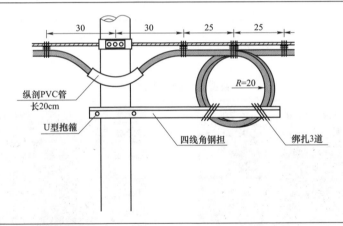

> 光缆接续处宜对称预留 20m 左右的余缆。余缆应采用余缆架圈放
> 一般挂钩间距为 500mm，偏差不应大于 ±30mm，电杆两侧第一个挂钩距吊线夹板间距为 300mm，偏差不应大于 ±20mm

5.4　管道及管道光缆

5.4.1　管道

管道光缆的管道工艺要求如表 5–11 所示。

表 5-11   管道光缆管道工艺要求

序号	内容	工艺要求
1	沟道开挖（深度、底部处理等）	① 光缆沟上要求底平、沟直，石质、半石质沟沟底应铺设 100mm 厚细土或沙土； ② 光缆沟底部宽度应为 300～400mm，每增加一条光缆，沟底宽度增加 100mm
2	管材选用	管材选择应优先采用聚氯乙烯（PVC-U）和高密度聚乙烯（HDPE）塑料材质，在特殊条件下可采用水泥管块材质管道，过桥和过路时应采用钢管
3	包封	① 管道埋深较浅或管道周围有其他管线跨越时，应对管群采取包封加固措施，在管道两侧及顶部采用 C15 混凝包封 80～100mm； ② 混凝土包封时，必须使用有足够强度和稳定性的模板，模板与混凝土接触面应平整，拼缝紧密
4	井孔	① 人（手）孔的外形、尺寸应符合设计规定，其外形偏差应不大于±20mm，厚度偏差应不大于±10mm； ② 人（手）孔的口圈顶部高程应符合设计规定，允许正偏差应不大于20mm。口圈应完整无损，车行道的人（手）孔必须安装车行道的口圈； ③ 人（手）孔的水泥盖板厚度为 150mm，布双层钢筋，要求盖板面与地面持平
5	标志桩及标示牌	① 光缆标石宜埋设在管道的正上方； ② 标石应当埋设在不易变迁、不影响交通与耕作的位置； ③ 标石有字的一面应面向公路

管道光缆管道工艺示例如表 5-12 所示。

表 5-12   管道光缆管道工艺示例

➢ 光缆沟上要求底平、沟直，石质、半石质沟沟底应铺设 100mm 厚细土或沙土	➢ 光缆沟底不平整 ➢ 混凝土包封时，未采用模板

续表

➤ 混凝土包封时，必须使用有足够强度和稳定性的模板，模板与混凝土接触面应平整，拼缝紧密	➤ 光缆标石宜埋设在管道的正上方，标石有字的一面应面向公路

5.4.2　管道光缆

管道光缆安装工艺要求如表 5-13 所示。

表 5-13　　　　　　　　　　　管道光缆安装工艺要求

序号	内容	工艺要求
1	管孔的选择	管孔位应按照"先上后下，先两侧后中间"的原则
2	穿保护管	① 采用多孔栅格管时，每孔应只敷设一根光缆； ② 同一管孔中布放 2 根及以上子管时，各子管宜采用不同颜色加以区别。子管在人孔内伸出长度约为 150～200mm，预留子管应进行封堵
3	井孔内的安装及保护	管道光缆在人（手）孔内，应紧靠人（手）孔壁，采用波纹塑料软管保护并用尼龙扎带绑扎在搁架上；人（手）孔内光缆，应排列整齐
4	余缆架及余缆安装固定	接续余缆应紧贴人井壁或人井搁架，盘成"O"形圈并绑扎牢靠，井内接续余缆不宜过长，接续余缆预留只保证二次接续的长度（一般单侧控制在 10m 以内）
5	接续盒安装固定	光缆接头盒在人（手）内，宜安装在常年积水水位以上的位置并采用保护托架或其他方法承托
6	标示牌	人（手）孔内的光缆应有醒目的识别标志或规范统一的光缆标志牌

管道光缆安装工艺示例如表 5-14 所示。

表 5-14　　　　　　　　　　管道光缆安装工艺示例

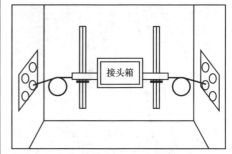

➤ 管道井壁上安装膨胀栓及挂钩环，钩环上余缆和接头盒用抗腐蚀性强的护套线固定	➤ 光缆接头盒在人（手）内，宜安装在常年积水水位以上的位置，并采用保护托架或其他方法承托

5.5　站内光缆

站内光缆的安装工艺要求如表 5-15 所示。

表 5-15　　　　　　　　　　站内光缆安装工艺要求

序号	内容	工艺要求
1	引上管的位置要求	引下钢管安装在距离电缆沟最近的构架侧，下端口朝向电缆沟
2	引上管的安装	引下钢管与构架杆塔上下平行安装，高度距离地面 1200～1500mm，安装间距 300～400mm，引下钢管与抱箍间衬垫绝缘橡胶
3	沟道内光缆敷设位置	光缆在电缆沟内穿阻燃子管保护并分段固定在支架上，保护管直径不小于 32mm
4	导引光缆穿管敷设	在导引光缆敷设前，在光缆敷设路径户外沟道内先预敷设一根保护子管；在站内沟道中敷设保护子管，保护子管应沿电缆沟下层支架（或按设计要求）平直布放，敷设位置应全线保持在沟道的同一侧，不得任意交叉变换，并分段固定在沟道支架上，不得与电力电缆扭绞
5	光缆绑扎与固定	光缆在电缆沟内每隔 1～2m 绑扎固定一次，在直线段每隔 10m、两端、转弯处以及穿墙洞处设置醒目标识
6	封堵与防火	① 保护子管敷设完毕应将管口作临时堵塞，短期内不用预放的保护子管必须在管端安装堵头； ② 光缆敷设完成后，在引下钢管的上下端口、沟道防火墙、进入户内穿管敷设的管两端应做好封堵密封，光缆端口进行密封防潮处理； ③ 穿管后的导引光缆在沟道内宜采取上下横向加装防护隔板的措施进行防火有效隔离，具备条件的站点宜采取分沟道布放
7	标示牌	在导引光缆沿途的直线沟道超过 30m 处、两端、沟道转弯、沟道防火墙两侧、户内电缆层及机房进出口处悬挂标识牌

站内光缆安装工艺示例如表 5-16 所示。

表 5-16　　　　　　　　　　站内光缆安装工艺示例

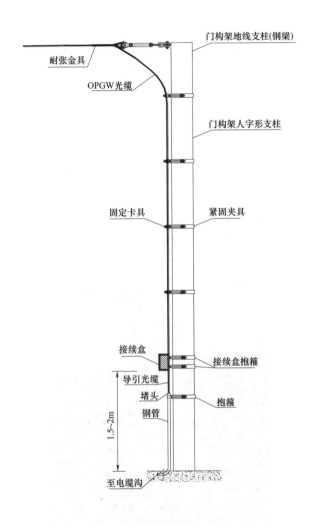

> 光缆引下应顺直美观，每隔 1.5～2m 安装一个固定卡具，间隔统一，避免线夹损伤光缆本体以及防止光缆与杆塔发生摩擦

续表

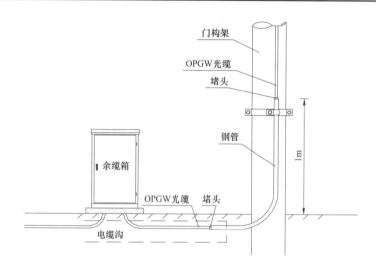

> 引下钢管安装在距离电缆沟最近的构架侧，下端口朝向电缆沟

> 引下钢管与构架杆塔上下平行安装，高度距离地面 1200～1500mm，安装间距 300～400mm，引下钢管与抱箍间衬垫绝缘橡胶

续表

➤ 光缆在电缆沟内穿阻燃子管保护并分段固定在支架上	➤ 沟道防火墙、进入户内穿管敷设的管道两端应做好封堵密封

5.6 光缆接续

光缆接续工艺要求如表5-17所示。

表5-17 光缆接续工艺要求

序号	内容	工艺要求
1	光缆在接续盒内的固定	光缆进入接续盒应固定牢靠，加强件牢固固定，避免光缆扭转。光纤套管（或光单元管）进入余纤盘应固定牢靠
2	裸纤预留长度	裸纤预留长度一般控制在60~100cm之间
3	光单元套管保护	使用OTDR对接续性能进行复测及评定后，符合接续指标的应立即热融热缩套管，热缩套管收缩应均匀、管中无气泡
4	光纤接续点在热熔管的位置	套管热缩后，管内无污迹，气泡，无喇叭口，光纤无扭曲，光纤接头顺直在热缩套管中间（两侧包入不少于1cm）
5	光纤在盘纤区的盘放	① 光纤接头应固定，排列整齐。接续盒内余纤盘绕应正确有序，且每圈大小基本一致，弯曲半径不小于40mm； ② 余纤盘绕后应可靠固定，不应有扭绞受压现象
6	光纤热熔管的固定	热缩管应根据收容盘位置编号按照纤序依次排列，并基本位于收容盘内专用凹槽的中间位置，且安全牢固
7	盘纤区防跳纤等防护	盘纤中不得有压纤、胶布黏贴光纤现象
8	接续盒内资料卡	填写光缆接续责任卡片，内容包括光缆名称、施工单位、施工时间、施工人员等信息，并置于接头盒内
9	接续盒的密封	① 在接头盒子入缆口和进槽以及堵头加密封胶，切口正确，放时不要拉伸胶带； ② 缠胶带与密封圈直径相同。密封圈与光缆外径对应
10	接续盒的封盖	扣上上盖、螺丝，垫圈安装紧密牢固，螺丝分两次以上上紧，头盒上下两部分必须紧密吻合，底座与上盖无明显缝隙

光缆接续工艺示例如表 5-18 所示。

表 5-18　　　　　　　光 缆 接 续 工 艺 示 例

➤ 光纤接头应固定，排列整齐。接续盒内余纤盘绕应正确有序，且每圈大小基本一致，弯曲半径不小于 40mm；余纤盘绕后应可靠固定，不应有扭绞受压现象	➤ 盘纤中有压纤、胶布黏贴光纤现象

➤ 用固件固定缆皮及加强芯支架，缆皮切口应与固件内侧相距 0.6~1.0cm	➤ 缆皮切口应与固件内侧相距不满足 0.6~1.0cm
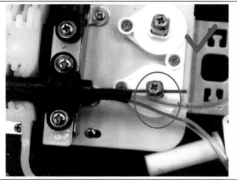	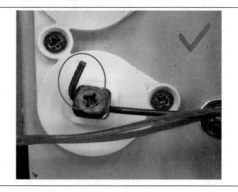
➤ 加强芯固定稳妥、牢固，紧固件无松动；加强芯留长在距固定螺丝中心 1.5~2cm 范围内	➤ 加强芯留长适当并做回弯，回弯角度大于 90°

续表

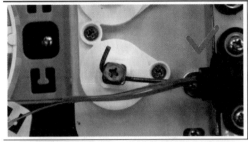 

➤ 松套管留长 6±1cm；光纤进入收容盘前用保护软管保护

 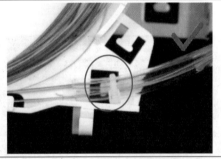

➤ 保护软管必须平直，塞到松套管根部，不得与加强芯缠绕，收容盘内的保护软管末端距扎带固定点为 1～1.5cm

 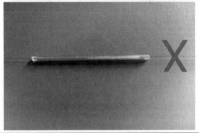

➤ 保护软管与光缆护套交接处用黑胶带缠绕不少于 2圈，缠绕紧密	➤ 胶带缠绕不紧密

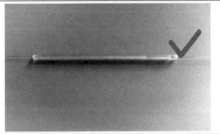 

➤ 套管热缩后，管内无污迹、气泡，无喇叭口，光纤无扭曲，光纤接头顺直在热缩套管中间（两侧包入不少于1cm）　➤ 光纤接头不在热缩套管中间（一侧包入少于 1cm）

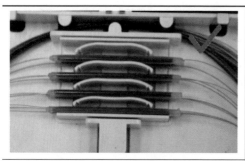

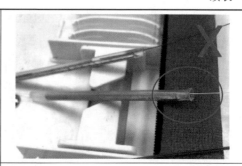

➤ 热缩管按纤序依次固定在专用凹槽中（按纤序由下层到上层，由内而外）

➤ 热缩管出现喇叭口

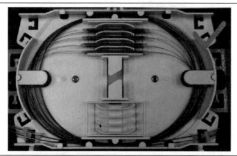

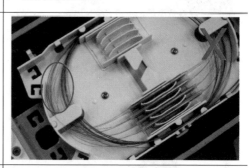

➤ 纤芯不能占用热缩管卡槽，光纤盘好后应平顺，无明显受力点和碰伤隐患；收容盘不允许用胶带粘贴固定纤芯

➤ 光纤盘好后出现跳纤

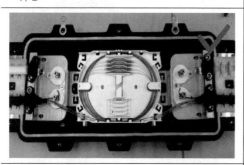

➤ 安装密封胶圈，扣上上盖、安装螺丝、垫圈，要求紧密牢固，螺丝钉先对角拧紧，再按顺序拧紧；封合后接头盒应密封

➤ 接头盒未按要求紧固、密封不到位

6 附属设施安装

6.1 数字配线架安装和成端

数字配线架（Digital Distribution Frame，DDF）的施工流程及工艺要求如表 6-1 所示。

表 6-1　　　　　　　　　　数字配线架施工流程及工艺要求

序号	内容	工艺要求
1	数字配线架上架	① 根据配线模块数量不同，在柜内合理布置，同一机柜中配线模块宜采用同一种规格型号且配置配套走线器，模块与模块之间宜留空应一致； ② 固定用浮动螺母应该上满，不得有缺位。螺丝紧固时应先全部松固定，再逐个拧紧
2	数字配线架接地	配线模块使用的接地线可以使用其配套的接地线，也可另制。自制接地线直径不得小于 6mm²，长度适宜（满足平直走线情况下尽可能短），两侧压接铜鼻子并用热缩套管保护。接地线一侧与配线模块上所有同轴端子外屏蔽层可靠连接，一侧可靠固定至机柜侧面的汇流排
3	同轴线缆入柜	线缆（按照机房统一规划）从机柜上部或者下部由进线孔穿入机柜。进线孔处宜有防刮伤措施。若线缆较多则应从左右两侧的进线孔进入，宜根据传输线缆和接入设备线缆分两侧
4	同轴线缆配线长度预留、绑扎、线缆头处理	沿着机柜底部或顶部高约 300mm 左右高度或者至配线模块处，剥去线缆外护套，线缆在机柜两侧绑扎整齐。线缆头处应用热缩套管进行保护。若屏蔽电缆，需要将屏蔽层铜网剥离后绞成线，就近接入机柜汇流排
5	线缆长度定位	线缆沿走线槽或走线柱走至配线模块位置后，在预留横向走线量及适度余量后，剪去多余线缆
6	同轴线缆走线绑扎	线缆束应顺着机柜走线槽或者走线柱走线。线缆布放应顺直，松紧适宜。每隔 200～300m 应绑扎固定一次。若线缆较多或者对美观度要求比较高，也可以使用固线器
7	同轴线缆同轴头制作	应选用需线缆直径配套的同轴头。同轴头宜用 L9 头。线缆依次穿过护套和套管。将外护套开剥合适长度，将内绝缘层开剥出合适的铜芯长度。将屏蔽铜网后翻叠于外护套上，套管回穿过铜网，并用压线钳压紧，压紧后应无铜丝从套管中露出，铜芯搭于同轴头内芯焊连处。使用烙铁将铜芯于同轴内芯焊接。焊点后连接可靠，焊锡适量，光滑饱满，不得与外屏蔽层有粘连。同轴成端后需要用万用表进行确认，内芯与内芯，外层与外屏蔽层连接可靠，且同轴内芯与外层不得有连接
8	同轴线缆成端后线缆绑扎	线缆束沿着配线模块的横向走线器，每分一根线则绑扎一次，线缆头固定至配线模块相应接口后，线缆之间弧度大小适度且相同（预留长度以方便检修为宜），朝向一致

数字配线架施工流程及工艺要求主要关键节点示例图如表6-2所示。

表6-2　　数字配线架施工流程及工艺要求主要关键节点示例图

> 同一机柜中宜采用同样规格的L9配线模块,模块与模块之间宜留空应一致

> 接地线一侧与配线模块上所有同轴端子外屏蔽层可靠连接,一侧可靠固定至机柜侧面的汇流排。两侧压接铜鼻子处应用热缩套管保护

> 线缆(按照机房统一规划)从机柜上部或者下部由进线孔穿入机柜。进线孔处宜有防刮伤措施。若线缆较多则应从左右两侧的进线孔进入,宜根据传输线缆和接入设备线缆分两侧

> 线缆至配线模块处,剥去线缆外护套,线缆在机柜两侧绑扎整齐。线缆头应用热缩套管进行保护,剥去外护套的同轴线束用缠绕护套进行保护

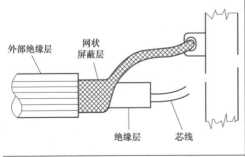

外部绝缘层　网状屏蔽层

绝缘层　芯线

> 若同轴电缆采用了屏蔽电缆,需要将屏蔽层铜网剥离后绞成线,就近接入机柜汇流排

> 线缆束应顺着机柜走线槽或者走线柱走线。线缆布放应顺直,松紧适宜。每隔200~300m应绑扎固定一次

续表

➤ 若线缆较多或者对美观度要求比较高,也可以使用固线器

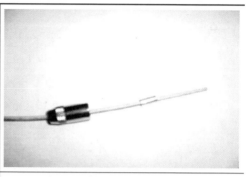

➤ 应选用需线缆直径配套的同轴头。同轴头宜用L9头。线缆依次穿过护套和套管

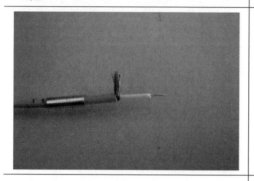

➤ 将外护套开剥合适长度,将内绝缘层开剥出合适的铜芯长度。将屏蔽铜网后翻叠于外护套上

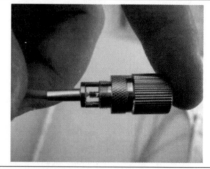

➤ 套管回穿过铜网,并用压线钳压紧,压紧后应无铜丝从套管中露出,铜芯搭于同轴头内芯焊连处。安装小套管后铜丝应无外露,铜丝与内芯间的屏蔽层刚好抵住2M头中心导管

➤ 使用烙铁将铜芯于同轴内芯焊接。焊点后连接可靠,焊锡适量,光滑饱满,不得与外屏蔽层有粘连。同轴成端后需要用万用表进行确认,内芯与铜芯、外层与外屏蔽层连接可靠,且同轴内芯与外层不得有连接

➤ 线缆束沿着配线模块的横向走线器,每分一根线则绑扎一次,线缆固定至配线模块相应接口后,线缆之间弧度大小适度且相同(预留长度以方便检修为宜),朝向一致

6.2 网络配线架安装和成端

网络配线架（Net Distribution Frame，NDF）的施工流程及工艺要求如表6-3所示。

表6-3   网络配线架施工流程及工艺要求

序号	内容	工艺要求
1	配线模块安装	配线模块与横向理线器应成套配置。根据配线模块（含理线器）数量不同，在柜内合理布置，模块与模块之间留空应一致，应考虑后期操作位置，不宜过于紧密。固定用浮动螺母应该上满，不得有缺位。螺丝紧固时应先全部松固定，再逐个拧紧
2	网线引入	网线束应按照机房统一规划从机柜上部或者下部，由进线孔穿入机柜。进线孔处宜有防刮伤措施。若网线束较多则应从左右两侧的进线孔进入
3	屏内走线	网线沿走线槽或走线柱预走线至配线模块位置后，在预留横向走线量及适度余量后，剪去多余网线
4	线缆绑扎	网线束应顺着机柜走线槽或者走线柱走线。网线布放应顺直，松紧适宜。每隔200～300m应绑扎固定一次。若网线较多或者工艺要求较高，可以使用固线器 网线束横向走线至网配，逐端用扎带绑扎好，剥开网线外皮，将绞线卡至网配模块上，应使用专业工具
5	网线卡接	按照EIA/TIA 568B顺序卡线，卡接需使用专用卡刀，不得使用螺丝刀代替

网络配线架的施工流程及工艺要求主要关键节点示例图如表6-4所示。

表6-4   主要关键节点示例图

➤ 配线模块与横向理线器应成套配置。根据配线模块（含理线器）数量不同，在柜内合理布置，模块与模块之间留空应一致，应考虑后期操作位置，不宜过于紧密

➤ 网线束应按照机房统一规划从机柜上部或者下部，由进线孔穿入机柜。进线孔处宜有防刮伤措施。若网线束较多则应从左右两侧的进线孔进入

续表

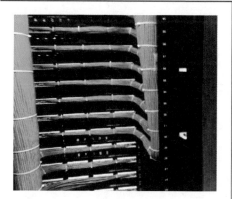	
➤ 网线束应顺着机柜走线槽或者走线柱走线。网线布放应顺直，松紧适宜。每隔 200～300m 应绑扎固定一次	➤ 网线束横向走线至网配，逐端用扎带绑扎好，剥开网线外皮，将绞线卡至网具
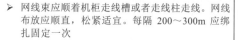 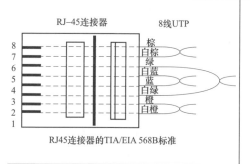	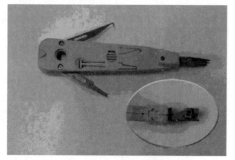
➤ 按照 EIA/TIA 568B 顺序卡线	➤ 需使用专用卡刀卡接，不得使用螺丝刀代替

6.3 光纤配线架安装图解

光纤配线架（Optical Distribution Frame，ODF）的施工流程及工艺要求如表 6-5 所示。

表 6-5　　　　　　　　　　　　光纤配线架施工流程及工艺要求

序号	内容	工艺要求
1	子架安装	若采用非一体化的光配柜，根据光配子框数量不同，在柜内合理布置，同一机柜中子框宜采用同一种规格型号，子框与子框之间留空宜一致。可选用带有藏纤空间的子框或按照一个子框一个藏纤单元成组配置或者两个子框共享一个藏纤单元配置。

序号	内容	工艺要求
1	子架安装	固定用浮动螺母应该上满，不得有缺位。螺丝紧固时应先全部松固定，再逐个拧紧。子框中的光配盘宜满配。 子框可通过接地线与机柜接地汇流排可靠连接（若光缆存在金属加强芯，且固定在子框上，则子框必须接地）
2	光缆进柜	光缆从机柜上部或者下部（按照机房统一规划）由进线孔穿入机柜。进线孔处宜有防刮伤措施。 若光配柜有线缆固定器，则光缆在固定器上固定。光缆加强芯穿入固线器上部螺孔内并锁紧，带护套的光缆固定于固定器内。 若无，光缆在机柜两侧绑扎整齐，固定高度为距机柜底部或顶部高约300mm。该位置不宜部署光配子架，以方便后期走线。 余缆不得留置于屏内
3	光缆开剥	将光缆剥去护套。开剥长度约为光缆固定处至该光缆所熔接光配单元的走线长度加上850mm（约数，具体以现场测量为准）。光缆加强芯留100mm（约数，具体长度取决于固线单元），松套管留20~30mm左右，其余剪除。将线芯用纸巾擦净缆膏后，套上松套软管（套上松套软管后，线芯有70cm露出，若有固线器，则加强芯露出松套软管，否则套入松套软管）。开剥处用胶带缠绕固定后，再用热缩套管封口
4	软管绑扎	松套软管应顺着机柜右侧走线。松套软管布放应顺直。每隔200~300m应绑扎一次（宜用魔术贴粘扣带），不宜过紧。 松套软管应从右侧进入光配盘（前视），用扎带固定住，软管应留有一定的余长收纳于光配子架内，以保证配盘可以取出检修。 同一个光配盘不宜接入两根及以上光缆
5	熔接与收纳	将套管中的纤芯按照色谱顺序与盘内熔接尾纤对应熔接，若有熔接错误，不得通过调整法兰位置来改正。熔接后将纤芯整齐盘放在熔接盘内。纤芯弯曲半径须大于40mm，宜采用环形盘放，严禁有小圈，不得使用胶带固定盘纤芯
6	熔接测试	熔接后使用光时域反射仪（Optical Time Domain Reflectometer，OTDR）测试，接续点单点双向平均损耗应小于0.05dB

网络配线架的施工流程及工艺要求主要关键节点示例图如表6-6所示。

表6-6　　　　　　　　　　主要关键节点示例图

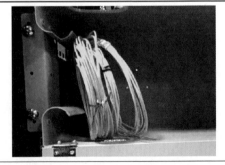

| ➢ 若采用非一体化的光配柜，根据光配子框数量不同，在柜内合理布置，同一机柜中子框宜采用同一种规格型号 | ➢ 可两个子框共享一个藏纤单元配置。跳线盘好绑扎后放入 |

续表

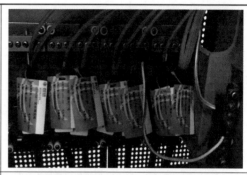

➤ 子框可通过接地线与机柜接地汇流排可靠连接（若光缆存在金属加强芯，且固定在子框上，则子框必须接地）	➤ 若光配柜有线缆固定器，则光缆在固定器上固定。光缆加强芯穿入固线器上部螺孔内并锁紧，带护套的光缆固定于固定器内。固线器宜通过接地线就近接入接地汇流排

➤ 光纤熔接后应预留足够长度，方便光配盘取出检修	➤ 将套管中的纤芯按照色谱顺序与盘内熔接尾纤对应熔接，熔接后将纤芯整齐盘放在熔接盘内。纤芯弯曲半径须大于 40mm，宜采用环形盘放，不得有小圈，不得使用胶带固定盘纤芯

6.4 VDF 安装及成端

音频配线架（Voice Distribution Frame，VDF）的施工流程及工艺要求如表 6-7 所示。

表 6-7   音频配线架施工流程及工艺要求

序号	内容	工艺要求
1	模块安装	若采用非一体化音配柜，音配模块可以左右正面两列布置，也可以分为前后布置。布局应整齐美观。配线模块配套保安单元若要接地，则应可靠接地

续表

序号	内容	工艺要求
2	线缆进柜	线缆从机柜上部或者下部（按照机房统一规划）由进线孔穿入机柜。线缆宜分为用户侧和设备侧从左右两侧的进线孔进入。进线孔处宜有防刮伤措施。 若屏蔽电缆，需要将屏蔽层铜网剥离后绞成线，就近接入机柜汇流排
3	绑扎固定	沿着机柜底部或顶部高越 300mm 左右高度，剥去线缆外护套，线缆在机柜两侧，绑扎整齐。线缆头处应用热缩套管进行保护。 线缆开剥的双绞线用胶布缠绕，沿着机柜两侧网上走线，每隔 200～300m 应绑扎固定一次。在相应的音配模块处将相应的双绞线束分股后沿着模块的走线路由进入对应模块，留下适当长度后截断
4	线缆卡接	双绞线卡接应按照色谱的顺序（蓝橙绿棕灰，白红黑黄紫）进行卡接，卡接应使用与模块配套的专用工具，不得使用螺丝刀强行作业。卡接时宜留有少量的余线，以便于配线条拆下检修、更换

VDF 安装及成端主要关键节点如表 6-8 所示。

表 6-8　　　　　　　　　VDF 安装及成端主要关键节点

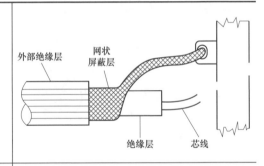

| ➢ 若采用非一体化音配柜，音配模块可以左右正面两列布置，也可以分为前后布置。布局应整齐美观 | ➢ 若屏蔽电缆，需要将屏蔽层铜网剥离后缴成线，就近接入机柜汇流排 |

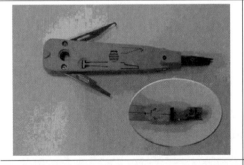

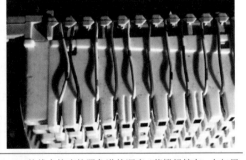

| ➢ 卡接应使用与模块配套的专用工具，不得使用螺丝刀强行作业 | ➢ 双绞线卡接应按照色谱的顺序（蓝橙绿棕灰，白红黑黄紫）进行卡接 |

6.5　动力环境

动力环境工艺要求如表 6-9 所示。

表6-9　　　　　　　　　动 力 环 境 工 艺 要 求

➤ 传感器、变送器的安装位置应能真实地反映被测量值，不易受其他因素的影响，不影响其他设备运行，尽量靠近测量点	➤ 温湿度传感器安装位置不影响设备正常运行；测量重要机柜温湿度可选择在传输设备柜柜顶安装；测量电源柜温湿度可选择在电源柜柜顶安装

7 无线设备安装

7.1 室内设备安装

7.1.1 落地安装

设备落地安装应端正牢固，设备与机房内其他设备及墙体之间，应留有足够的维护走道空间和设备散热空间，具体工艺要求见本书第一章"屏柜安装"部分。

7.1.2 屏柜内安装

屏柜内设备安装总体工艺要求见本书第一章"柜内通信设备安装"。

7.1.3 壁挂安装

墙体应具有足够强度，满足抗震要求。设备安装位置应便于线缆布放及维护操作，不影响机房整体美观，壁挂安装工艺要求如表7-1所示。

表7-1　　　　　　　　壁挂安装工艺要求

序号	内容	工艺要求
1	墙体	设备安装墙体应为水泥墙或砖（非空心砖）墙，且具有足够的强度
2	偏差	设备安装位置应便于线缆布放及维护操作，不影响机房整体美观。墙面安装面积不应小于600mm×600mm，设备底部与室内其他壁挂设备底部距地面高度宜保持一致或距地面1.4m。设备安装应保证水平和竖直方向偏差均小于±1°
3	设备空间	设备前面板朝向应便于接线及维护，空间应大于800mm，设备两侧应预留散热空间
4	抗震	设备应安装牢固，满足抗震要求

壁挂安装主要关键节点如表7-2所示。

表7-2   壁挂安装主要关键节点

➤ 设备安装牢固，预留操作空间和维护空间 ➤ 符合设计文件，不影响整体美观	➤ 安装墙体为铁皮，强度不够 ➤ 线缆布放未加装 PVC 线槽

➤ 线缆布放加装 PVC 线槽	➤ 不符合设计文件，影响整体美观

7.2 室外设备安装

7.2.1 抱杆安装

抱杆安装工艺要求如表7-3所示。

表7-3 抱杆安装工艺要求

序号	内容	工艺要求
1	抱杆选择	抱杆直径选择范围、加固方式及载荷应以土建专业相关规范和设计为准，杆间距离应大于3m，长度宜为3m或6m，具体长度选择应依据设计要求，综合考虑挂高需求及土建核算情况取定
2	防雷	设备安装应牢固、稳定，安装位置应考虑防雷、抗风、防雨、抗震及散热的要求。所有室外设备都应在避雷针的±45°保护角之内
3	固定	设备应采用相关设备供应商配置的专用卡具与抱杆进行牢固连接
4	设备下沿距离	设备下沿距室外楼面最小距离宜大于500mm，条件不具备时可适度放宽，但应满足设备进线端线缆的平直和弯曲半径的要求，同时应便于施工维护并防止雪埋或雨水浸泡
5	设备空间	设备维护方向上不应有障碍物，确保设备门可正常打开，设备板卡可安全插拔，满足调测、维护的需要
6	设备供电	设备远端供电一般采用直流供电方式。当采用交流供电时，电源线宜加绝缘套管进行保护，以防止漏电。直流（交流）电源线缆带有金属屏蔽层，且金属屏蔽层宜做三点防雷接地保护。室外设备连接到室内电源屏前需加装防浪涌装置。防止室外设备突发浪涌对室内设备的影响
7	设备接线	设备应从下方进出线，外部接线端子均应做防水密封处理。常见的外部接线端子防水密封方案为：传统胶泥胶带、热缩、冷缩、接头盒等，应根据基站实际情况选择合适的防水密封方案。未接线的端子应用防水塞堵住

抱杆安装主要关键节点如表7-4所示。

表7-4 抱杆安装主要关键节点

➢ 设备安装位置合理，采用专用安装支架固定牢固 ➢ 外部接线端子需做防水密封	➢ 外部接线端子需做防水密封

续表

| ➤ 室外设备接地，就近接地，需打孔接地，不能同面复接 | ➤ 接地同面复接 |

| ➤ 直流电源线屏蔽层按要求接地，应设置室内浪涌保护装置 | ➤ 直流电源线屏蔽层未按要求接地 |

7.2.2 壁挂安装

壁挂安装工艺要求如表 7-5 所示。

表 7-5　　　　　　　　　　壁挂安装工艺要求

序号	内容	工艺要求
1	墙体	设备安装墙体应为水泥墙或砖（非空心砖）墙，且具有足够的强度
2	水平和竖直方向偏差	设备下沿距楼面最小距离宜大于 500mm，条件不具备时可适度放宽，但应满足设备进线端线缆的平直和弯曲半径的要求，同时要便于施工维护并防止雪埋或雨水浸泡。设备安装应保证水平和竖直方向偏差均小于±1°，设备正面面板朝向应便于接线及维护

续表

序号	内容	工艺要求
3	设备预留空间	设备维护方向上预留空间不应小于800mm,以便操作维护。设备两侧应预留空间便于散热
4	设备固定	壁挂安装件的安装应符合相关设备供应商的安装及固定技术要求,设备安装完毕,所有配件应紧密固定,无松动现象
5	其他方面	设备供电、抗震、防雷接地及防水等其他安装要求符合抱杆安装要求

壁挂安装主要关键节点如表7-6所示。

表7-6 　　　　　　　　　　壁挂安装主要关键节点

> ➤ 墙体强度达到承重要求,留有维护和散热空间
> ➤ 设备供电、抗震、防雷接地及防水等其他安装要求,符合设计和施工规范要求

7.2.3　塔上安装

塔上安装工艺要求如表7-7所示。

表7-7 　　　　　　　　　　塔上安装工艺要求

序号	内容	工艺要求
1	荷载	塔桅及平台强度应满足设计文件中土建结构核算的荷载要求
2	承重	设备塔上安装时,设备安装工艺允许且结合具体安装位置进行承重复核后,可直接安装于塔身或塔顶平台护栏上
3	辅助安装	当设备无法直接安装于塔上时,宜采用塔身增加安装支架、平台上加装支架抱杆、平台上加装特制的安装装置等多种方式进行安装
4	供电、防雷等	设备供电、抗震、防雷接地及设备防水等其他安装要求符合设计和施工规范要求

塔上安装主要关键节点如表 7-8 所示。

表 7-8　　　　　　　　　　塔上安装主要关键节点

> 塔桅及平台强度应满足设计文件中土建结构核算的荷载要求

➤ 多余铁带应用扎带固定	➤ 多余铁带未用扎带固定

> ➤ 爬梯采用了无限位的非稳定结构,易松动;同时爬梯间距不符合要求,大小不一,维护安装时存在安全隐患;建议增加限位措施并且调整间距至合理值

> ➤ 全向天线离塔体距离应不小于1.5m;定向天线离塔体距离应不小于1m

7.3 天馈线系统安装

7.3.1 天线安装

天线安装工艺要求如表7-9所示。

表7-9 天线安装工艺要求

序号	内容	工艺要求
1	基本要求	天线应牢固安装，安装位置、工程参数、加固方式、天线的间距（含与非本系统天线的间距）及与近场障碍物的距离应符合工程设计文件要求。天线、天线支架、跳线、连接电缆应在塔下组装，并做好防水密封
2	避雷	所有室外天线都应在避雷针的±45°保护角之内
3	定向天线	定向天线方位角允许偏差应小于±5°，下倾角允许偏差应小于±1°。定向天线离塔体距离不宜小于0.5m。天线安装支架顶部应低于抱杆顶端0.2m，天线安装支架底部应高于抱杆底端0.2m。若天线安装在楼顶围墙内侧抱杆时，天线底部应高于围墙顶部最高处0.5m以上。天线安装完成后，应保证天线在主瓣辐射面方向上，前方范围10m距离内无任何金属障碍物。若采用定向单极化天线，同一扇区的单极化天线的俯仰角和方位角应保持一致
4	全向天线	全向天线应保持垂直，垂直偏差不应大于±2°，天线离塔体距离不应小于1.5m。全向天线护套顶端应与支架齐平或略高出支架顶部。若全向天线与避雷针不在同一抱杆上安装，全向天线与避雷针之间的水平间距不应小于2.5m。全向天线在屋顶上安装时尽量避免产生盲区
5	天线方位角、下倾角、扇区	天线方位角、下倾角安装与设计一致；天线连接正确，扇区关系正确，没有接反、接错；基站定标测试、灵敏度测试指标符合要求

天线安装主要关键节点如表7-10所示。

表7-10 天线安装主要关键节点

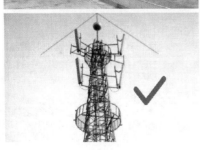
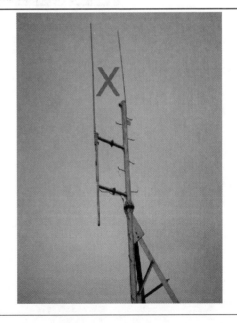

➤ 天线安装位置符合规划设计要求，所有室外天线都应在避雷针的±45°保护角内	➤ 天线未在避雷针的±45°保护角之内

> 定向天线方位角允许偏差应小于±5°，下倾角允许偏差应小于±1°

➤ GPS 天线支架安装稳固，天线垂直张角90°范围没有遮挡（室内、室外）	➤ GPS 天线支架没有固定牢固，天线垂直张角90°范围有遮挡，有脱落风险

续表

> 全向天线垂直度满足规划设计要求，误差应小于±2°

> 天线支架与铁塔连接应可靠牢固，天线与天线支架的连接也应可靠牢固（室内、室外）

> 天线体积太大，而天线支架不够牢固，有安全隐患

7.3.2　全球导航卫星系统天线安装

全球导航卫星系统（Global Navigation Satellite System，GNSS）天线安装工艺要求如表 7−11 所示。

表 7-11   GNSS 天线安装工艺要求

序号	内容	工艺要求
1	基本要求	GNSS 天线应垂直安装在较空旷位置，GNSS 天线安装垂直度各向偏差不应大于 1°，上方 90°范围内（至少南向 45°）应无建筑物遮挡，与周围尺寸大于 200mm 的金属物体的水平距离不宜小于 1.5m
2	固定	GNSS 天线应通过螺栓紧固安装在配套支杆上，然后通过紧固件固定在走线架或者附墙安装
3	避雷	所有室外天线都应在避雷针的 ±45°保护角之内
4	水平及垂直方向上的距离	GNSS 天线与通信发射天线或第 2 套 GNSS 天馈系统在水平及垂直方向上的距离应符合工程设计文件要求
5	落地塔基站	落地塔基站宜将 GNSS 接收天线安装在机房建筑物屋顶上

GNSS 天线安装主要关键节点如表 7-12 所示。

表 7-12   GNSS 天线安装主要关键节点

➤ GNSS 天线应垂直安装在较空旷位置，GNSS 天线安装垂直度各向偏差不应大于 1°，与周围尺寸大于 200mm 的金属物体的水平距离不宜小于 1.5m

➤ 天线放在拥挤处，并且未固定，也未作防水措施

➤ 按照要求安装固定好 GPS

➤ 安装不规范，用石头固定 GPS

续表

➤ GNSS 天线与通信发射天线或第 2 套 GNSS 天馈系统在水平及垂直方向上的距离应符合工程设计文件要求

➤ 两个 GPS 天线的安装间距少于 200mm

➤ GPS 电缆一同夹入

➤ GPS 电缆没有夹进卡扣

7.3.3　馈线布放

馈线布放工艺要求如表 7-13 所示。

表 7-13　　　　　　　　馈线布放工艺要求

序号	内容	工艺要求
1	基本要求	馈线应无明显的折、拧、扭绞、破损现象，绑扎应整齐、平直，弯曲度应一致
2	弯曲半径	馈线拐弯应圆滑均匀，硬质馈线最小弯曲半径不应小于馈线外径的 20 倍。软馈线最小弯曲半径不应小于馈线外径的 10 倍，不得重复弯曲
3	防水弯	馈线进入机房前应有防水弯，防水弯最低处应低于馈线窗下沿
4	馈线接头	馈线接头应制作规范，无松动。所有馈线接头按"1 层胶布 + 3 层胶泥 + 3 层胶布"方式进行密封，并在胶带收口部位用扎带扎紧。射频线接头 300mm 以内，线缆不应有折弯，线缆应保持平直

续表

序号	内容	工艺要求
5	馈线卡	馈线卡应安装牢固，间距相同且不大于 0.9m
6	跳线	室外接天线的跳线应沿铁塔支架横杆或抱杆可靠固定

馈线布放主要关键节点如表 7-14 所示。

表 7-14 馈线布放主要关键节点

➢ 馈线应无明显的折、拧、扭绞、破损现象，绑扎应整齐、平直，弯曲度应一致	➢ 馈线随意弯折，绑扎不整齐、平直，弯曲度不一致

线缆入馈窗需防水弯

RRU电源线入馈窗时需接地

➢ 馈线拐弯应圆滑均匀，硬质馈线最小弯曲半径不应小于馈线外径的 20 倍。软馈线最小弯曲半径不应小于馈线外径的 10 倍，不得重复弯曲 ➢ 进入机房前应有防水弯，防水弯最低处应低于馈线窗下沿	➢ 电源线接地线和电源线做成 n 型，水会顺着接地线进入到防水里面

➢ 户外馈线引入机房应用防火泥封堵

➢ 未用防火泥封堵

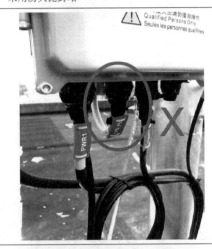

➢ 天线下方跳线保证 200mm 左右是垂直的

➢ 下方跳线垂直长度不足 200mm

➢ 设备下方线缆长度应刚合适

➢ 设备下方线缆过长，应裁剪至合适的长度

➢ 馈线由楼顶翻越外墙向下弯曲时，与墙角接触部分应有保护套管，馈线自楼顶沿墙入室时，应使用馈线固定夹等将馈线固定不摇摆

➢ 楼顶安装馈窗引馈线入室时，要保证馈窗的良好密封，且入室处馈线和天线出线处跳线应做避水弯

➢ 安装后的馈线固定夹间距应均匀，方向应一致，固定夹应牢固安装不松动

➢ 馈线布放不得交叉，要求入室行、列整齐、平直，弯曲度一致

> 进入机柜的跳线和天线出线处跳线应做避水弯

> 馈线接头应制作规范，无松动。所有馈线接头按"1层胶布 + 3 层胶泥 + 3 层胶布"方式进行密封，并在胶带收口部位用扎带扎紧。射频线接头 300mm 以内，线缆不应有折弯，线缆应保持平直 > 馈线卡应安装牢固，间距相同且不大于 0.9m	> 接头未做防水处理且未使用胶泥

> 接天线的跳线应沿支架横杆绑至铁塔钢架上	> 接天线的跳线未沿支架横杆绑至铁塔钢架上

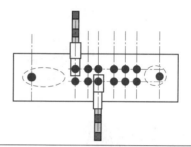

➢ 馈线按规范要求做接地

➢ 馈线的接头制作要规范不要有任何松动

➢ 馈线接头连接前必须保证干净，必要时按规范进行清洁处理

续表

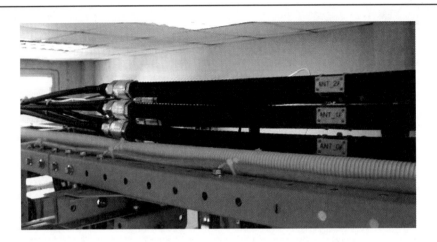

➤ 照规范要求粘贴和绑扎通信电缆、馈线、跳线标签，标签排列应整齐美观，方向一致

7.4 防雷接地

防雷接地工艺要求如表 7-15 所示。

表 7-15 防雷接地工艺要求

序号	内容	工艺要求
1	接地	电力无线专网基站应采取联合接地，与同一楼内的动力装置、建筑物避雷装置共用一个接地网。站内通信设备和各金属构件应采取等电位连接，天馈线系统应采取接地分流、雷电过压保护和直击雷防护等防雷措施
2	接地线	机房接地引入线长度不宜超过 30m，宜采用 40mm×4mm 热镀锌扁钢或截面积不小于 95mm² 多股铜线
3	接地体	当通信铁塔位于机房屋顶时，铁塔四脚应与楼顶避雷带就近不少于两处焊接连通，同时宜在机房地网四脚设置辐射式接地体，便于雷电流散流
4	塔桅、塔桅地网与机房地网连接	塔桅、塔桅地网与机房地网应作两点以上的可靠焊接，所有焊点均应作好防锈处理。连接点之间间距应大于 5m，应采用规格不小于 40mm×4mm 的镀锌扁钢，长度不应小于 15m
5	水平接地体埋设	水平接地体埋设时，两接地体间的水平距离不应小于 5m，接地体敷设应平直，遇倾斜地形宜沿等高线埋设。对无法按照上述要求埋设的特殊地形，应与设计单位协商解决
6	垂直接地体	垂直接地体的间距应大于其长度的两倍，且不应小于 5m。垂直接地体安装结束后应在上端敲击部位进行防腐处理

续表

序号	内容	工艺要求
7	接地体间连接	接地体间连接前应清除连接部位的浮锈，接地体间应采用焊接或液压方式连接。当采用焊接时，圆钢的搭接长度不应少于其直径的6倍并应双面施焊，扁钢的搭接长度不应少于其宽度的两倍并应四面施焊；当采用液压连接时，接续管的壁厚不应小于3mm，对接长度应为圆钢直径的20倍，搭接长度应为圆钢直径的10倍。接续管的型号与规格应与所连接的圆钢相匹配
8	塔桅避雷针	塔桅避雷针应正直，有变形或弯曲应校直后方可安装。避雷针应安装牢固、端正，允许垂直偏差不应大于避雷针高度的5‰
9	金属抱杆	避雷针或与避雷针有电气连接的金属抱杆，应采用直径不小于95mm² 多股铜线或40mm×4mm 的镀锌扁钢可靠接地，镀锌钢接地时，焊接长度不宜小于100mm
10	避雷针引下线	建筑物有避雷带时，应直接将避雷针引下线焊接在避雷带上；无避雷带时，应将引下线连接到地网上
11	固定	塔桅塔身上的避雷带每间隔3m应用卡子固定一次，防止避雷带变形。塔脚处引避雷带与地网应可靠连接，且不应少于2处连接。相互焊接，焊接长度应在母材宽度的两倍以上。所有避雷带焊接处应先用柏油涂刷，干燥后再用银灰漆涂刷

防雷接地主要关键节点如表7-16所示。

表7-16　　　　　防雷接地工艺要求

➤ 避雷针应安装牢固、端正，允许垂直偏差不应大于避雷针高度的5‰

续表

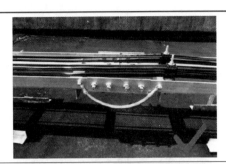

➤ 接地线连接正确

➤ 接地线连接收到阻碍，应改变走线线路

➤ 电源线、馈线需要做接地处理

➤ 电源线、馈线没有接地处理

避雷器接地线接至室外地排，不允许复接

避雷器悬空安装，如与其他物体有接触，则需使用绝缘材料进行隔离

避雷器与馈窗距离≤1m

室内接地排，用作设备或机架保护地

➤ 避雷器接地线地排和室内地排分开，不允许复接

续表

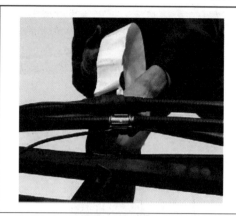

> 馈线接地夹直接良好地固定在就近塔体的钢板上，馈线接地夹的制作符合规范要求，连接牢靠并做好防锈、防腐、防水等处理（室内、室外）

> 对于接地端子，连接前要进行除锈除污处理，保证连接的可靠；连接以后使用自喷快干漆或者其他防护材料对接地端子进行防腐防锈处理，保证接地端子的长期接触良好，各接线端子应正确可靠安装有平垫和弹垫

> 馈线自塔顶至机房至少应有三处接地（离开塔上平台后一米范围内；离开塔体引至外走线架前一米范围内；馈线离馈窗外一米范围内），接地处绑扎牢固，防水处理完好

7 无线设备安装

7.5 无线通信终端安装

无线通信终端安装工艺要求如表 7-17 所示。

表 7-17 无线通信终端安装工艺

序号	内容	工艺要求
1	基本要求	无线通信终端应安装在网络覆盖质量良好的区域,确保无线通信终端数据接入正常
2	挂杆式安装	设备采取挂杆式安装时,设备底部或外置天线距离地面宜大于 3.5m,设备发射天线周围无阻挡。设备采取壁挂安装时,设备与墙壁距离应为 0.1~0.2m,安装高度应留有安全距离,设备发射天线周围无阻挡
3	天线安装	天线应牢固安装在其支撑架上,宜安装美观,不破坏安装处整体环境。采用定向天线时,方向角和倾角应经测试选定至最佳接收信号强度的位置。当采用车载吸盘天线时应采取加固措施,如增加卡具、玻璃胶等
4	缆线	无线通信终端连接的各种缆线宜分层排列,避免交叉,预留的缆线应整齐盘放并固定。无线通信终端馈线布放工艺,符合馈线安装的规定

无线通信终端安装主要关键节点如表 7-18 所示。

表 7-18 无线通信终端安装主要关键节点

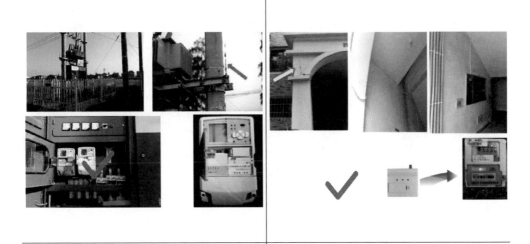

> 无线通信终端应安装在网络覆盖质量良好的区域,确保无线通信终端数据接入正常

> 天线应牢固安装在其支撑架上,宜安装美观,不破坏安装处整体环境。采用定向天线时,方向角和倾角应经测试选定至最佳接收信号强度的位置

103

续表

> 终端输入电压应符合产品出厂文件要求。无线通信终端接线应正确，连接可靠，各指示灯应显示正常，无告警和异常